Alice Stern-Les Landes

Tiere halten hinterm Haus

KOSMOS

Zu diesem Buch

Bei den Vorarbeiten zu diesem Buch stieß ich auf die Einleitungstexte meiner beiden Fachbücher „Kaninchen“ und „Geflügel“, die 1986 im Kosmos-Verlag erschienen und nun 2005 nach mehreren Auflagen immer noch im Handel erhältlich sind.
Einerseits ist es ja etwas Schönes, sich bestätigt zu sehen und Recht zu haben, andererseits liegen nun 20 Jahre dazwischen und die Menschen scheinen sich nicht viel zum Besseren verändert zu haben.
In meinem Vorwort 2001 erwähnte ich unter anderem BSE. Jetzt bereiten wir uns gerade auf die Vogelgrippe vor. Es ist zum Verzweifeln, wenn tierliebende Menschen und die junge Generation, für die Mülltrennung schon in der Schule ein Thema war, mit einem der drei Statusmarkenautos zum Billigmarkt fahren, ihre teure Designersonnenbrille in die Haare schieben und dann spätestens bei den Lebensmitteln munter darauf lossparen. Die gängigste Entschuldigung lautet: „Wer weiß denn, ob da, wo Öko drauf steht, auch Öko drin ist!“ Doch alle kennen die unwürdige Massentierhaltung und das Schlachthofgrauen aus den Medien! Alle sind informiert.
Auch das Argument: „Ich bin ein armer Student“ – oder „Ich lebe von der Fürsorge“ – ist keine Entschuldigung dafür, gegen die eigene Überzeugung oder gedankenlos und uninformiert Lebensmittel zu kaufen, die diese Bezeichnung längst nicht mehr verdienen. Und warum sollte alles immer teurer werden, nur unser Brot immer billiger?
Die meisten von uns – in allen sozialen Schichten – kämpfen mit dem Wohlstandsspeck. Wie wäre es mit Qualität statt Quantität? Wie wär's damit, selbst wieder ein Stück Leben eigenverantwortlich zu gestalten? Hand aufs Herz, die eigene Trägheit ist das Problem, neue Wege zu beschreiten. Dieses Buch soll Anstoß und Helfer auf diesem Weg sein. Wie heißt es so schön: „Auch der längste Weg beginnt mit dem ersten Schritt“ – und „Der Weg ist das Ziel“.
Denn dieser für viele sicher ungewohnte Weg führt in ein wirklich reiches Leben.

Tiere haben ein Recht auf ein möglichst artgerechtes Leben und wollen nicht in Massen in kleine Ställe oder Käfige gesperrt werden.

Abenteuer „Tiere halten"

Liebe Leser,
an wen also richtet sich dieses Buch? Der Missionar in mir möchte natürlich am liebsten alle Welt davon überzeugen, aufs Land zu ziehen, Verantwortung für die eigenen Lebensumstände, die eigenen Lebensmittel und die Natur um sich herum zu übernehmen. Und vor allem unseren Kindern Wurzeln zu geben, die sie für ihr eigenes Leben festigen. Das wäre schön und vernünftig.
Aber die Vernunft ist nur eine Seite der Medaille. Alle großen Dinge sind nicht aus Vernunft geschehen. Und überall da, wo es um Menschlichkeit im Sinne von Humanität geht, ist Vernunft zu wenig. Darum hier meine herzliche Bitte an alle, die aus Vernunftgründen Tiere hinterm Haus halten wollen – tun Sie es nicht!
Nur wer sich für die Idee begeistern kann, bei jedem Schmuddelwetter und zu allen Jahreszeiten für seine vierbeinigen Freunde da zu sein, wer so viel Liebe und Zuneigung für das wohlgemerkt „artgerechte" Wohlergehen seiner Schützlinge aufbringen kann, dass die anfängliche Begeisterung kein Strohfeuer ist, sondern sich zu einem zufriedenen Lebensgefühl auswächst – nur der sollte dieses Buch zum Ratgeber nehmen und sich in dieses Abenteuer stürzen.
Auf jeden Fall ist es das beste Rezept gegen Langeweile, Leere und Trübsinn.

Alice Stern-Les Landes

Kaninchen

Wie Wildkaninchen leben

Wer das Buch „Unten am Fluss" von Richard Adams (Ullstein Verlag) gelesen hat, weiß alles über das Verhalten wilder Kaninchen. Wer es noch nicht gelesen hat, sollte es tun. Es ist die „Nager-Saga" schlechthin und spannend bis zur letzten Zeile.

Ein Wildkaninchen ist die „Sportausgabe" des Hauskaninchens. Mit durchtrainiertem Herzen wiegt es nur 1–2 kg, während ein Super-Rassekaninchen satte 7 kg schwer sein kann. Die „Wilden" tragen natürlich Tarnfarbe, auf dem Rücken braun-grau mit rötlichen Flecken im Nacken, der Bauch ist weiß. In Gefahrensituationen verharren sie regungslos wie das sprichwörtliche Kaninchen vor der Schlange oder suchen Rettung in rasantem Hakenschlagen, bis sie Deckung im undurchdringlichen Gebüsch oder in ihrem Bau gefunden haben. Im Hakenschlagen sind sie geschickter als die großen Feldhasen.

Feldhasen drücken sich tagsüber in flache Bodenmulden, den so genannten Sassen, während Kaninchen Meister im Buddeln von unterirdischen Röhrensystemen mit geräumigen Wohnkesseln sind. Als gesellig lebende Sippentiere warnen sie sich auch gegenseitig vor den überall lauernden Gefahren durch teilweise sehr heftiges Trommeln mit den Hinterläufen. Wildkaninchen lieben ein trockenes und mildes Klima, sandige Böden und lichte Kiefernwälder im Flachland oder Mittelgebirge. Bis zu 20 ha kann das Wildkaninchenrevier eines Rammlers, also eines geschlechtsreifen Kaninchenmännchens betragen. Feste Trampelpfade, die so genannten „Wechsel", werden an wichtigen Punkten, zum Beispiel an Maulwurfshügeln oder besonders großen Grasbüscheln markiert. Das Kaninchen setzt dort durch die Afterdrüsen speziell präparierte Kotkügelchen ab und bespritzt das Ganze mit Urin. Der Rammler hat zusätzlich Duftdrüsen am Kinn, mit denen er durch Reiben alles kennzeichnet, was ihm wichtig ist: Grasbüschel, Holz, Steine und die ganze Sippe. Mit Hilfe dieses Duftcodes kann sich jedes Kaninchen ausweisen. Alter, Geschlecht, Trächtigkeit, Mutterschaft, Deckbereitschaft, alles ist aus der duftenden Visitenkarte zu erkennen, jedenfalls für ein Kaninchen. Die ranghöchsten Rammler haben die größten und ergiebigsten Duftdrüsen. Sie markieren aber oft noch zusätzlich alle Familienmitglieder mit Urin. Sicher ist sicher!

Streit mit den Nachbarn

Revierstreitigkeiten tragen die Rammler mit den harten Krallen der Vorderläufe und den Zähnen aus. Auch ansonsten geht es zu wie im richtigen Leben: Trifft ein revierfremdes Weibchen mit einer eingesessenen Karnickelfamilie zusammen, wird es freundlich aufgenommen, muss sich aber vor der Gattin des Rammlers in Acht nehmen. Diese lebt nämlich in lebenslanger Einehe mit ihrem Rammler zusammen, wenn der auch ab und zu andere Häsinnen (so heißen die weiblichen Kaninchen) besucht, die getrennt von der Familie wohnen.

Info

Wildkaninchen, Hasen und Stallkaninchen

Es gibt Wildkaninchen und Hasen in freier Wildbahn. Die Wildkaninchen sind kleiner und wendiger, haben graues Fell und kürzere Ohren. Der Feldhase ist eher braun, größer und hat lange Löffel mit einem schwarzen Rand. Auch ihre Lebensweise ist unterschiedlich. Dann gibt es noch die so genannten „Stallhasen", die gar keine Hasen sind, sondern ausnahmslos zu den Kaninchen zählen.

Der Feldhase kann mit seinen langen Löffeln und dem Rundumblick Gefahren schnell erkennen. Entweder drückt er sich flach auf den Boden oder sucht hakenschlagend das Weite.

Junge, heranwachsende Rammler im gleichen Gebiet legen durch Kämpfe ihre Rangordnung untereinander fest und freunden sich gern mit den Nebenfrauen des Familienvaters an, müssen diesem aber aus dem Weg gehen, ebenso wie den Ehefrauen, die sich gegen andere Rammler mit kräftigen Hieben zur Wehr setzen (dies scheint fast noch besser als im richtigen Leben!).

Familienleben

Ansonsten geht es in der Kaninchenfamilie sehr freundlich und liebevoll zu. So kümmert sich auch der Vater um die älteren Jungen, putzt und beschützt sie und nimmt sie auf Ausflüge mit.
Eine noch ungebundene, deckbereite Häsin lässt sich von einem Rammler umwerben, erst aus der Entfernung, dann zögernd aus der Nähe, wobei der Rammler durch atemberaubende Sprünge und neckisches Nachlaufspiel ihr Interesse wecken muss. Bevor sie ihn erhört, liegen beide Nase an Nase und belecken sich gegenseitig hingebungsvoll und äußerst ausdauernd Kopf und Ohren – sie schließen den Bund fürs Leben!
Nach dem Deckakt werden nach 28–31 Tagen die nackten, blinden und tauben Jungen geboren. Vorher hat die Mutter eine Setzröhre mit Brutkessel gebaut und mit Moos, trockenem Gras und ausgezupften Bauchhaaren ausgepolstert. Verlässt die Häsin das Nest, verschließt sie den Brutkessel immer ordentlich mit Moos und Erde. Die Jungen können mit 3 Wochen nach draußen – auch mit Papa –, mit 4–5 Wochen brauchen sie keine Muttermilch mehr und mit 8–10 Monaten sind sie geschlechtsreif.
Wildkaninchen sind sehr reinlich, pflegen ihr Fell voller Hingabe, koten nur an dafür vorgesehenen Stellen und finden Nässe widerlich. Dazu sind sie große Feinschmecker, die Abwechslung lieben und

Wildkaninchen beim ersten Ausflug.

Info

Kaninchensprache

Wie alle höher entwickelten Tiere haben Kaninchen eine Laut- und Körpersprache. Die für uns erkennbaren Ausdrucksformen sind:

- **Aggressive Stimmung**, *in der sich die Anspannung durch geduckte, zum Sprung bereite Haltung mit angelegten Ohren, weit offenen Augen und hartem, kurzem, mehrfachem Knurren äußert. So beginnen Revierkämpfe.*
- *Bei* **Neugier** *und* **Gefahr** *erheben sich die Tiere mit aufgestellten Ohren auf die Hinterläufe und machen „Männchen". Sie können dabei ihre Umgebung überblicken, Gerüche und Geräusche besser aufnehmen.*
- *Bei* **Angst** *fiepen Kaninchen leise und klopfen mit den Hinterläufen.*
- *Ein* **brunftbereiter** *Rammler umhoppelt und beschnuppert die Häsin und gibt dabei ein andauerndes leises Brummen von sich.*
- *Wer beachtet werden will, macht durch heftiges Buddeln auf sich aufmerksam. Soziale Fellpflege durch gegenseitiges Lecken, Stupsen mit der Schnauze, Knirschen (in diesem Zusammenhang) und sich Hin- und Herwälzen sind als Zeichen von* **Wohlbehagen** *zu sehen, und wer dann genügend Aufmerksamkeit hatte, schubst den anderen mit der Schnauze wieder weg.*
- *Zähneknirschen kann aber auch* **Schmerzen** *bedeuten. Es muss also im Zusammenhang mit der übrigen Körpersprache und dem Verhalten gedeutet werden.*
- **Ruhebedürfnis** *zeigt sich bei diesen nachtaktiven Tieren, indem sie bei Hitze lang ausgestreckt, bei Kälte mit angezogenen Läufen auf dem Bauch liegen, die Ohren sind dabei angelegt und die Augen halb geschlossen.*

sich gut mit Heil- und Giftpflanzen auskennen. Als Nager mit lebenslang nachwachsenden Zähnen sind Wurzeln und Äste, von denen sie geschickt die saftige Rinde abschälen, wichtige Nahrungsquellen.

Info

Kleiner Nimmersatt

Wildkaninchen sind nicht nur Feinschmecker, sondern auch Dauerfresser. Es dürfen schon bis zu 80 Mahlzeiten in 24 Stunden sein!

Kaninchenrassen

Neben den zahlreichen Kaninchen-Mischformen gibt es drei Hauptgruppen:
Riesen Die Riesen zeichnen sich durch ein Mindestgewicht von 5,5 kg aus.
Mittelgroße Rassen (z.B. Rote Neuseeländer, Weiße Wiener) wiegen mindestens 3 kg.
Zwergkaninchen bringen höchstes 2 kg auf die Waage und besitzen ein so genanntes „Verzwergungsgen".

Sichtlich wohl und entspannt fühlt sich dieses „Deutsche Scheckenkaninchen".

Angorakaninchen Sollten Sie sich für Angorakaninchen interessieren, besuchen Sie bitte unbedingt zuerst einen Züchter, der Sie mit dem Vorgang des Scherens vertraut macht. Erst wenn Sie wissen, dass Sie an dieser Arbeit Spaß haben, sollten Sie sich für diese hübschen und vom wirtschaftlichen Aspekt ertragreichsten Tiere entscheiden. Außer dem Fell und dem Fleisch liefern diese Tiere einen erheblichen Wollertrag. Aber bedenken Sie auch, dass der Zeitaufwand erheblich ist. Alle 3 Monate **müssen** Angorakaninchen geschoren werden, und in der Zwischenzeit muss das Haar ordentlich gepflegt werden, sonst verfilzt es im Nu – für das Tier ein unerträglicher Zustand!

Auswahl des Kaninchens

Bevor Sie sich für diese Tiere entscheiden, stellen Sie sich die Frage nach dem **„Warum“**.

Kaum ein Tier entspricht so sehr dem „Kindchenschema“ wie das Kaninchen. Säugetiere, zu denen auch der Mensch gehört, reagieren auf bestimmte Formen des „Kindlichseins“ in sehr ähnlicher Weise. Für uns sind zum Schutz der Nachkommen bestimmte körperliche Formen mit positiven Gefühlen verknüpft: Runder Kopf, angelegte Ohren, Knopfaugen, runde, dralle, kurze Körperformen bringen uns Menschen zu Ausrufen wie: „Ach, wie niedlich!“, „Wie süß“, „Wie drollig!“ Wir wollen diese kleinen Wunder streicheln und küssen. Tiere wollen diese Wesen ablecken, vorausgesetzt ihr mütterlicher Instinkt ist geweckt. Dazu kommt beim Kaninchen ein zartes, kuscheliges Fell und – es bleibt so. Es wird nicht langbeinig und staksig. Eigenwillig wird es nur in Maßen, es bellt nicht, blökt nicht und braucht verhältnismäßig wenig Platz. Futter ist leicht zu besorgen. Darüber hinaus ist es überaus fruchtbar, warum also zögern? Aus genau diesen Gründen!

Die Versuchung, schnell mal für die Kinder ein süßes Knuddeltier zu kaufen, ist groß. Man vergisst dabei leicht, dass Tiere kein Spielzeug sind.

Die Haltung im Kinderzimmer ist ungefähr so artgerecht wie die im winzigen Hasenstall ohne Bewegungsfreiheit. Ein neurotisches Tier, das kratzt und beißt, wird bestenfalls im Tierheim abgegeben, wo man sich vor „Spielzeugkaninchen“ kaum noch retten kann. Gut meinende Menschen kaufen auch gern zwei Kaninchen wegen der Geselligkeit, ohne zu bedenken, dass zwei gleichgeschlechtliche Tiere keineswegs ein Garant für Harmonie sind, während ein Liebespärchen in kürzester Zeit für gewaltigen Nachwuchs sorgt, für den in den seltensten Fällen genug Platz vorhanden ist – und dieser Nachwuchs muss in nicht allzu ferner Zukunft geschlachtet werden. Alle Tiere an Kaninchenliebhaber verschenken zu wollen, führt die Tiere letztendlich auf geradem Weg ins Tierheim.

Solche Überlegungen sind gut gemeint, aber realitätsfern und verantwortungslos gegenüber den Tieren.

Ob Sie nun ein Kaninchen kaufen oder ob Sie es geschenkt bekommen, achten Sie bitte auf folgende Merkmale:

1) Das Fell ist frei von Verkrustungen und Schmutz, es muss glänzen und am Körper anliegen.

Wichtig!

Überlegungen vor dem Kaninchenkauf

1. *Wollen Sie ein Spielzeug für die Kinder?*
2. *Eine erzieherische Aufgabe für die Kleinen, die das Angenehme mit dem Nützlichen verbindet?*
3. *Wollen Sie ein oder mehrere Kaninchen?*
4. *Soll und darf es Nachzucht geben?*
5. *Wie viel Platz ist wirklich vorhanden?*
6. *Ist gewährleistet, dass Erwachsene für die Kontinuität der artgerechten Haltung sorgen?*
7. *Soll die Nachzucht geschlachtet und gegessen werden?*
8. *Steht die Selbstversorgung mit Fleisch im Vordergrund?*

Struppiges, glanzloses Fell, Kahlstellen bedeuten entweder Vitaminmangel oder Infektionen bis zur Räude.

2) Augen und Ohren sind vollkommen sauber, die Augen glänzen, die Nase ist trocken.

Alarm bei tränenden Augen, leichtem Belag im Ohrinneren, Niesreiz.

3) Die Zähne sollten gerade sein, sauber aufeinander stehen und sich beim Kauen abnutzen.

Besonders krumme und lange Zähne hindern das Kaninchen beim Fressen und bereiten ihm Schmerzen. Solche Tiere sollten geschlachtet werden.

4) Gesamteindruck: Das Kaninchen ist wohlgenährt und rund.

Alarm bei eingefallenen Flanken oder aufgedunsenem oder verhärtetem Leib.

5) Das neue Tier sollte 4 Wochen separat gehalten werden.

Ein Haus der Super-Luxus-Klasse für die Kaninchen-High-Society. (Angora flankiert von zwei „Deutschen Riesenschecken")

Kaninchen halten

Wir wissen also aus dem Leben der Wildkaninchen, dass Kaninchen
1) bewegungsfreudige,
2) dämmerungsaktive,
3) gesellige,
4) vermehrungsfreudige
Höhlenbewohner sind, die gern buddeln, nagen, Wert auf Sauberkeit und gutes Futter legen, schlecht sehen, ein sehr ausgeprägtes Geruchsempfinden haben und gut hören. Sie sind Fluchttiere und haben ein kleines, schreckhaftes „Hasenherz".
Es gilt also, unseren Hauskaninchen Lebensbedingungen zu bieten, die denen der wilden Artgenossen nahe kommen.
Im Folgenden finden Sie einen idealen Kaninchenstall für diese Zwecke, den man sich mit etwas handwerklichem Geschick und dem nötigen Werkzeug leicht selbst bauen kann.

Der Kaninchenstall

Die Einrichtung der Ställe beginnt mit guter Stroheinstreu. Von allen anderen Alternativen ist dringend abzuraten. Stroh wird auch gern als Raufutter von den kleinen Dauerfressern aufgenommen. Minderwertiges Heu, Holzwolle, Sägespäne oder ganz und gar frischer Rasenschnitt sind extrem gesundheitsgefährdend.
Kaninchen sind sehr reinlich. Daher muss der Stall auch regelmäßig gesäubert werden. Bieten Sie ihnen eine Toilettenecke mit einem Kotkasten an, der auch Ihnen bei der Stallsäuberung hilft.
Bei der Standortwahl denken Sie bitte daran, dass auch diese Tiere keine Zugluft vertragen und – obwohl sie Licht und frische Luft lieben – sie müssen vor Hitze, praller Sonne und Nässe geschützt

Tipp

Richtig hochheben

Als Besitzer müssen Sie Ihr Kaninchen auch fachgerecht anfassen und tragen können:
Sorgen Sie für eine ruhige Atmosphäre, beruhigen Sie das Tier durch Streicheln in Fellrichtung und durch freundliches Zureden. Greifen Sie mit einer Hand in die Nackenhaut – ohne zu zwicken –, während Sie mit der anderen Hand den Körper abstützen.

Kaninchenställe können nie zu groß sein. Man beachte die Holzleisten beim geöffneten Fenster: Sie verhindern das Herausquellen der Einstreu.

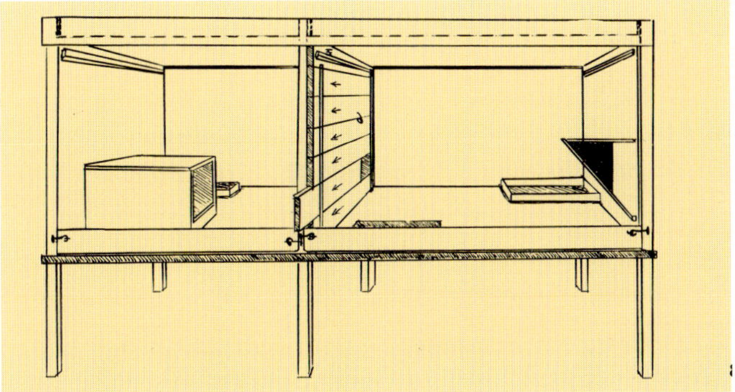

Zeichnung eines Doppelstalls als Wurf- und Aufzuchtstall. In der linken Hälfte befindet sich die Wurfkiste, in der rechten die Heuraufe und eine Kotkiste.

werden. Bei guter Einstreu wird Kälte recht gut vertragen. Denken Sie bitte an das Hasenherz und wählen Sie den Standort so, dass die Tiere ihre Umwelt gut wahrnehmen können, aber möglichst lärmgeschützt sind.

Im Sommer sollte das Bodengehege, das immer wieder versetzt werden muss, nicht fehlen. Vergessen Sie dabei bitte nicht, dass Kaninchen leidenschaftliche Buddler sind. Behalten Sie Ihr Kaninchen im Auge, sonst finden Sie es im Gemüsebeet wieder.

Wenn Kaninchen neugierig sind oder Gefahr wittern, stellen sie sich auf die Hinterbeine.

Kaninchen füttern

Ist also für einen stabilen, kuscheligen und sauberen Wohnsitz gesorgt, geht es um das ewig Freude spendende Thema Futter: Von nun an beurteilen Sie die Welt mit dem Appetit eines Kaninchens.

Als Vegetarier ist natürlich für unsere Nager jedes tierische Produkt tabu. Raufutter in Form von sauberem Stroh, Heu, Ästen und Zweigen (kein Steinobstgehölz) wird unbegrenzt angeboten.

Auch Kaninchen haben Durst

Es ist ganz wichtig, dass immer genügend frisches Wasser angeboten wird! Stellen Sie im Winter morgens eine Schale Wasser für eine Viertelstunde in den Käfig. In dieser Zeit kann das Kaninchen genügend Wasser für den Tag aufnehmen. Danach muss die Schale wieder entfernt werden.

In der kalten Jahreszeit und bei stark wasserhaltiger Nahrung geht der Wasserbedarf zwar zurück, dennoch muss betont werden, dass die Auffassung einiger Tierhalter falsch ist, man brauche Kaninchen kein zusätzliches Wasser zu reichen. In der letzten Woche der Trächtigkeit braucht die Häsin bis zu einem Liter täglich, die säugende Häsin braucht bis zu 2 Litern täglich.

Damit das Trinkwasser nicht verschmutzt und die Einstreu trocken bleibt, sollten als permanente Tränke keine offenen Schalen, sondern die überall im Fachhandel erhältlichen so genannten Nippeltränken verwendet werden. Nach meinen Erfahrungen ist eine Glasflasche leichter zu reinigen (Algenreste mit heißem Wasser und Flaschenbürste – ohne Spülmittel – entfernen; Kalkreste lösen sich, wenn dem Wasser etwas Essig zugesetzt wird – kurze Zeit stehen lassen, dann gut spülen). Eine dazugehörende Saugröhre aus Metall ist zwar in der Anschaffung teurer als ein Glasröhrchen, aber dafür zerbricht sie auch nicht und mangels Lichteinfall bilden sich auch kaum Algen.

Futterhygiene

Heu und Grünfutter werden in dafür vorgesehenen Raufen verfüttert. Niemals das Futter lose in den Stall legen! Es wird sonst schnell beschmutzt und zertreten. So verdorbenes Futter ist eine enorme Verschwendung und – wenn es doch gefressen werden sollte – eine Gefahr für die Gesundheit der Tiere.
Zusatzfutter gehört in eine glasierte Tonschale. Besonders praktisch sind rechteckige Formen, da sie wenig Stallraum beanspruchen. Plastikschüsseln sind ungeeignet, da sie leicht umgeworfen und angeknabbert werden.
Selbstverständlich müssen alle Futterbehälter immer ordentlich gesäubert werden. Im Napf verbliebene, angesäuerte Reste verderben das Futter.
Besonders sorgsam muss Breifutter (wie eingeweichte Rübenschnitzel oder Kleie) entfernt werden, das länger als eine Stunde im Napf verblieben ist, da es bei sommerlichen Temperaturen sofort in Gärung übergeht. Viele Darmkrankheiten haben in unsauberer Fütterung ihren Ursprung!
Sorgen Sie für ein abwechslungsreiches Nahrungsangebot und stellen Sie möglichst viele verschiedene Pflanzen-, Gemüse- und

Info

Futter-Recycling auf Kaninchenart

Kaninchen produzieren in ihrem enorm vergrößerten Blinddarm einen speziellen Vitaminkot, der sich vom normalen Kot durch seine hellbraune, schleimig überzogene Farbe unterscheidet. Der Blinddarm nimmt beim Kaninchen fast 50 % des Gesamtvolumens des Verdauungstraktes ein. Dieser Blinddarmkot wird von dem Kaninchen gleich nach dem Ausscheiden aufgenommen. Auch wenn es etwas eklig klingt, ist es ein ausgeklügeltes Recyclingsystem, bei dem keine Nährstoffe verloren gehen.

Gutes Heu ist grün, locker, duftend und staubfrei.

Sauberes Stroh – ein Muss in der Kaninchenhaltung.

Vielfalt im täglichen Kaninchen-Menü sorgt für gesunde, lebensfrohe Tiere.

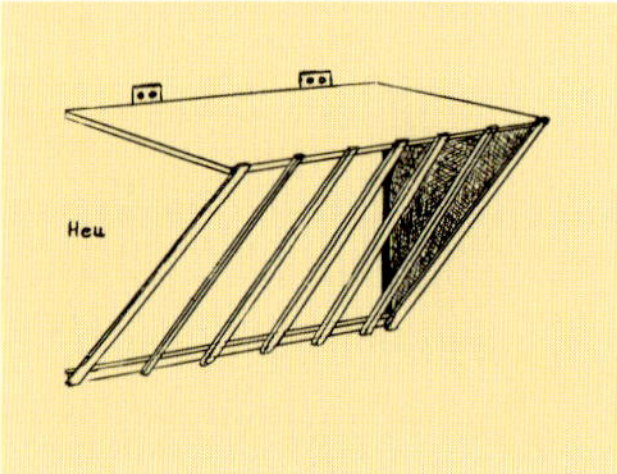

Heuraufe mit Deckel

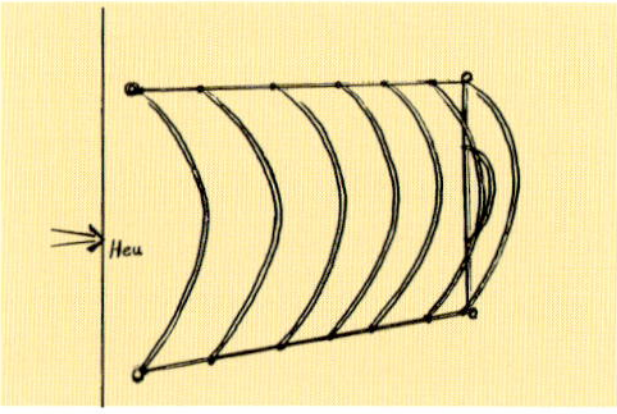

Heuraufe aus Metall

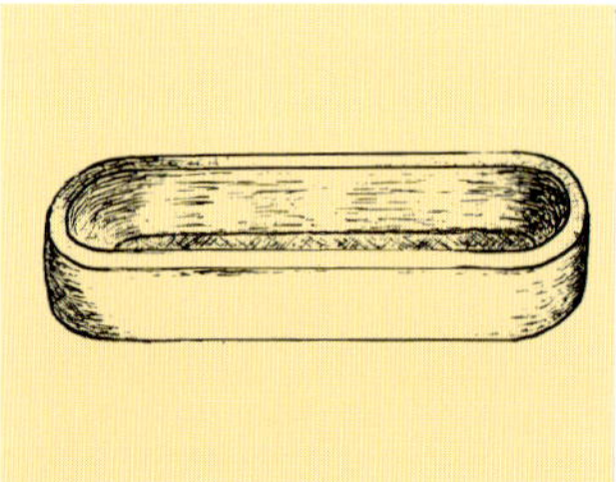

Futtertrog aus Steingut

Obstsorten zusammen. Einseitige Ernährung wie beispielsweise nur Kartoffeln, nur Rüben, nur Löwenzahn, nur Kohl usw. kann zu Fehlernährung und Mangelerscheinungen führen.
Wichtig ist auch, dass Sie zu den immer gleichen Uhrzeiten füttern. Ausgewachsene Tiere erhalten morgens und abends, Jungtiere 3- bis 4-mal Futter pro Tag.

Menüvorschläge für Kaninchen

Um die Qual der Wahl bei der Futterzusammenstellung etwas zu erleichtern, folgen nun ein paar „Menüvorschläge" für ausgewachsene Tiere großer Rassen oder für stark beanspruchte mittelgroße Tiere. Zwergkaninchen und Tiere, die keinen Auslauf haben, erhalten entsprechend weniger. Auf keinen Fall dürfen die Tiere verfetten oder abmagern. Wenn Sie unsicher sind, können Sie die Tiere im regelmäßigen Abstand wiegen, um einen Überblick zu bekommen. Nie darf das Raufutter (Heu, Stroh) zur freien Aufnahme über den ganzen Tag und die Nacht vergessen werden, sonst entstehen leicht Verdauungsstörungen. Jungtiere erhalten über 3 bis 4 Mahlzeiten hinweg so viel, wie sie innerhalb der dazwischenliegenden Zeit „verdrücken" können. Bei Jungtieren Vorsicht mit Salat, Weiß-, Rot- und Wirsingkohl, nassem oder bereiftem Grünfutter, Rotklee und Futterrüben, denn diese verursachen Blähungen und können schnell zum Tod führen.

Sommer

100 g Heu mit (Hafer-)Stroh gemischt zur freien Aufnahme.
Die Wassertränke nicht vergessen! Dazu:

a) Morgens: 2 Hände voll frisches Grünfutter (wenn stark bereift, tau- oder regennass, zuerst Heu füttern).
Abends: 1 große Möhre oder anderes Gemüse je nach Jahreszeit. 1 Hand voll Hafer (bei trächtigen oder säugenden Häsinnen, im Fellwechsel und bei Jungtieren), eventuell eine Prise Futterkalk und Hefeflocken untermischen. Bei Jungtieren statt Haferkörnern Haferflocken verfüttern.

b) Morgens: 2 Hände voll frisches Grünfutter (s. o.)
Abends: 2 Hände voll Grünfutter (s. o.) und Knabberzweige oder trockenes Brot. Brot bis maximal 50 g pro Tag, sonst Gefahr von Verdauungsstörungen.

c) Morgens: Frisch gemähte, junge Brennnesseln, so viel wie eine Hand greifen kann, und Gartenunkräuter.

Abends: 1 Apfel oder entsprechende Menge Obst je nach Jahreszeit und 1 Hand voll Gerste und Weizenkörner gemischt, eventuell mit Futterkalk und/oder Haferflocken vermischen.

d) Bei schlechtem Wetter:
Morgens: Obst und Gemüse je nach Jahreszeit (z.B. 1 Apfel und 1 Möhre) und eine Hand voll Weizenkleie in Wasser dick angerührt (eventuell mit Futterkalk und/oder Hefeflocken vermischen).
Abends: 1 Hand voll Hafer (Jungtiere Haferflocken) und frische Obst- oder Gemüsereste aus der Küche.

Winter

100 g Heu (evtl. mit etwas Haferstroh vermischt) zur freien Aufnahme. Das ergibt übrigens über das Jahr etwa 36 kg Heu pro Tier. Dazu:

a) Morgens: 1 Hand voll eingeweichte Trockenschnitzel mit Kleie und eventuell Futterkalk und/oder Hefeflocken vermischt, Knabberzweige.
Abends: 1 Hand voll Hafer (Jungtiere: Haferflocken), 1 große Möhre.

b) Morgens: Gedämpfte Kartoffelschalen und/oder ganze Kartoffeln mit Kleie und evtl. Futterkalk und/oder Hefeflocken.
Abends: 1 Stück trockenes Brot, 1 Apfel, 1 Esslöffel Hafer (beziehungsweise Haferflocken).

c) Morgens: 1 Hand voll Silofutter, eventuell mit Futterkalk und/oder Hefeflocken vermischt, Knabberzweige oder Brotstück.
Abends: 1 apfelgroßes Stück Futterrübe (Jungtiere lieber Rosenkohl oder Ähnliches), 1 EL Hafer, 1 EL Gerste (für Jungtiere schroten).

d) Morgens: 1/2 Hand voll eingeweichte Rübenschnitzel, 1 Hand voll Weizenkeime oder Senfsaat (wächst im Blumentopf) mit 1/2 Hand voll Gersten- oder Haferschrot vermischt.
Abends: 1 Topinamburknolle, frische Obst- oder Gemüsereste aus der Küche, 2 Teelöffel Sonnenblumenkerne.

Alles, was Kaninchen mögen

Fertigfutter und Getreide Natürlich gibt es auch Fertigfutter in Zoohandlungen und landwirtschaftlichen Genossenschaften, auf das man als eiserne Ration zurückgreifen kann. Unterschieden wird in Zucht- oder Erhaltungsfutter und Mastfutter. Letzteres gibt es natürlich nur für die Jungtiere. Bei den Genossenschaften gibt es auch gefriergetrocknete Rübenschnitzel, die trocken oder in Wasser

Der „Deutsche Riese" zählt zur größten Deutschen Kaninchenrasse und hat entsprechend großen Appetit.

Info

Kaninchen mögens süß!

Heu und frisches Grünfutter aus sauren Wiesen wird ungern gefressen, Kaninchen lieben die „süßen" Gräser der sandigen Böden aus der Heimat ihrer Vorfahren.

Passt man nicht auf, können sich Kaninchen unten durchgraben ...

... und besuchen die Nachbarn.

eingeweicht verfüttert werden können, sowie Kleie, Hafer, Gerste und Weizen. Futterkalk für Kaninchen und Hefeflocken sind für trächtige und Jungtiere wichtig.

Küchenreste dürfen gern verfüttert werden, solange sie frisch und unverdorben sind. Trockenes Brot, abgewaschene Kartoffelschalen, roh oder gedämpft, saubere Gemüse- und Obstreste, Möhrenkraut, Würzkräuter, kleine Mengen Salat werden gern gefressen.

Gartenabfälle müssen sauber, nicht verwelkt und frei von Krankheiten sein. Gemüse und Obst (kein Steinobst), Dahlienlaub, Heidekraut (Erika), Erdbeerranken, Gartenunkräuter, Kohlrabiblätter, Rosenkohlstrünke, Erbsengrün (ohne die Früchte!), Möhren mit Kraut verfüttern, Rüben in kartoffelgroße Stücke zerteilen (beliebtes Saftfutter im Winter), Kartoffeln, Topinamburknollen und Kraut, Äpfel (sehr beliebt und gesund). Kohl: alle Sorten (Vorsicht bei Rot-, Weiß- und Wirsingkohl), Sonnenblumenkraut und Kerne, Futterraps und Futterrübenkraut, Löwenzahn. Brennnesseln: hochwertiger Eiweißlieferant, werden aber nur ganz jung oder als Heu getrocknet gefressen, da sie zu stark „brennen".

Vom Hahn akzeptiert, teilt sich das Kaninchen das Hühnerfutter mit der Henne.

Kaninchennachwuchs

Weiße Wiener

Wenn Sie nicht schon stolzer Besitzer eines Kaninchens sind, stellt sich nun noch die Frage, ob Sie mit den Tieren auf Ausstellungen gehen wollen, ob Sie also „Züchter“ werden wollen. Doch zunächst sind Sie als Kaninchenbesitzer nur „Halter“. Dann können Sie „Vermehrer“ werden, wenn Ihre Tiere Junge bekommen. Aber Züchter haben sich mit Ordnungen, Verordnungen und Regeln zur Zuchtauswahl den höheren Weihen versprochen und sind selbstverständlich in einem Verein organisiert. Züchter müssen Wert auf Rassereinheit legen, ihre Kaninchen sind in den Ohren tätowiert und haben „Papiere“. Reinerbigkeit, gleich bleibende Fell- und Angoraqualität, Größe und Gewicht können nur so als rassetypische Merkmale erhalten bleiben.
Angenommen, Ihnen steht nun der Sinn nach mehr und Sie wollen Nachwuchs – für Ihr Kaninchen.

Die Paarung

Dazu sollte die Häsin mindestens 6 Monate alt sein und ebenso der Rammler, der aber gern kleiner als die Häsin sein darf. Zu große Junge führen im Geburtskanal der Häsin zu Schwierigkeiten. Der Fellwechsel sollte überstanden sein und die Schur des Angoras etwa 3 Wochen zurückliegen. An den leicht geschwollenen und geröteten Genitalien der Häsin und eventueller Unruhe ist ihre Deckbereitschaft zu erkennen. Jetzt können Sie die Häsin zum Rammler bringen – nicht umgekehrt! Im eigenen Stall ist die Häsin nämlich sehr unverträglich. Und wenn ihr der Rammler nicht sympathisch ist, dann lässt sie sich auch in seinem Stall nicht von ihm decken. Unerfahrene Rammler werden leicht von einer barschen Häsin eingeschüchtert, während die älteren mit sehr viel Gelassenheit über Unfreundlichkeiten hinwegsehen und die Häsin beruhigen, indem sie ihr den Kopf lecken. Wenn es also Schwierigkeiten zwischen den beiden gibt, dann nehmen Sie die Häsin nach 5 Minuten wieder aus dem Stall und versuchen es nach etwa 20 Minuten noch einmal. Vielleicht ist die Häsin aber auch dann noch nicht deckbereit. In solchen Fällen kann man sie über Nacht in einen leeren Rammlerstall setzen, was ihre Deckbereitschaft, das heißt ihren Hormonhaushalt, unter Umständen günstig beeinflusst. Wenn auch das nichts nützt, versuchen Sie es 14 Tage später

Zwei im Dienste der Vermehrung.

noch einmal. Nicht zu vergessen sind kalte Außentemperaturen, die das Verhalten der Häsin „frostig" werden lassen können. Vielleicht kann sie den Rammler einfach nicht riechen. Dann hilft alles nichts – suchen Sie ihr einen anderen Liebhaber.

Die Häsin ist gedeckt, wenn der Rammler nach kurzem Aufreiten seitlich mit Gegrunze von der Häsin herunterrutscht und einen Moment starr liegen bleibt. Das geht manchmal alles so blitzschnell, dass man glaubt, sicherheitshalber noch ein zweites Mal abwarten zu müssen. Das ist aber wirklich nicht nötig, und der Wurf wird dadurch auch nicht größer. Sie können jetzt die Dame wieder einpacken und in ihren Aufzuchtstall setzen.

Aufzuchtstall – ein gemütliches Nest

Nehmen wir also an, es hat geklappt und die Häsin sitzt in ihrem Aufzuchtstall. Das kann der bisherige Käfig sein, dessen Trennwand zum Nachbarstall herausgenommen wurde. Vor der Tür des zukünftigen Kinderzimmers befestigen Sie eine Sperrholzplatte, um diesen Stallteil abzudunkeln. Eine Holzkiste, die größer als die Häsin ist und möglichst einen aufklappbaren Deckel haben sollte, mit einem seitlichen Schlupfloch und praktischerweise auch mit Fußboden, wird als Wurf- oder Nistkasten in die hintere Stallecke gestellt. Bei hohen Außentemperaturen genügt Sackleinwand vor der Käfigtür, und statt des Wurfkastens nehmen Sie einen quadratischen Holzrahmen, der das Nest zusammenhält. Besonders praktisch ist es, wenn die Trennwand aus einzelnen Nut- und Federbrettern besteht, die von außen übereinander geschoben werden.

In die Wurfkiste füllen Sie reichlich Einstreu. Das Nest baut die Häsin selbst.

Was die Häsin braucht

Geben Sie ihr die Nippeltränke oder im Winter morgens und abends einen Napf mit temperiertem Wasser, den Sie nach einer Viertelstunde wieder aus dem Stall entfernen. Das Futter soll vitamin- und mineralstoffreich, aber nicht zu kalorienhaltig sein, denn die Häsin darf nicht verfetten, sonst wird die Milchmenge darunter leiden und es können Probleme bei der Geburt auftreten.

Etwa eine Woche vor dem Wurf bereitet die Häsin das Nest vor. Die Einstreu wird klein gekaut und im Nest fachmännisch festgestopft. Dann zupft sie sich Bauchwolle aus und polstert damit das Nest aus. Ohne den Holzkasten könnte das Nest jetzt leicht auseinander getreten werden, und die Jungen würden hinausfallen.

Info

Bitte nicht stören!

Nun braucht die Häsin Ruhe und reagiert verstört auf alle Veränderungen, die darum auch unterbleiben sollten. Wenn Sie die Häsin trotzdem einmal aus dem Stall nehmen müssen, denken Sie daran, ihr Hinterteil gut abzustützen, damit sie nicht hektisch hin und her strampeln kann.

Info

Zeitlicher Überblick

- *Geburt nach 28–31 Tagen*
- *Säugezeit 6–8 Wochen*
- *3 Wochen nach der Geburt: Krabbelgruppe, erste Versuche mit fester Nahrung*
- *Bei Angoras: mit 8 Wochen 1. Schur.*
- *Ab der 11. Woche Geschlechtertrennung*
- *Geschlechtsreife ab der 12. Woche*

Die Kaninchenbabys

Nach etwa 28–31 Tagen ist es dann soweit. Vier bis zwölf winzige, nackte Wesen wuseln im Nest oder schlafen gerade satt und gut gewärmt. Jetzt ist es an der Zeit, das Nest zu kontrollieren. Ist die Häsin ruhig und an Ihre Hand gewöhnt, können Sie sie beruhigend streicheln, vielleicht frisst sie auch ihr Lieblingsfutter, während Sie mit der anderen Hand den Deckel der Wurfkiste öffnen und vorsichtig die Jungen zählen. Tote Tiere müssen entfernt, Missgeburten getötet werden. Nun müssen Sie auch entscheiden, wie viele Junge Sie der Häsin lassen. Sechs bis acht Tiere werden im Allgemeinen ohne Schwierigkeiten aufgezogen. Bei guter Konstitution der Mutter und mindestens acht gut ausgebildeten Zitzen können Sie ihr aber auch mehr als acht Junge lassen. Zu bedenken ist auch, dass eventuell bei der nächsten Nestkontrolle – drei Tage später – noch einmal schwache Junge entdeckt werden. Die gesunden und kräftigen müssen rund und prall aussehen, keinesfalls faltig und runzlig. Kümmerlinge müssen jetzt ebenfalls getötet werden, da sie keine Chance haben und von den stärkeren Jungen zurückgedrängt werden. Das ist keine schöne Aufgabe, aber sie gehört mit zu den Verantwortlichkeiten eines Tierhalters. Die winzigen Tiere werden mit dem Kopf fest auf einen Stein aufgeschlagen und sind sofort tot.
Ist die Mutter zu unruhig, um die Nestkontrolle in ihrem Beisein durchführen zu lassen, nehmen Sie die Häsin solange aus dem Stall. Oder aber, was noch einfacher ist, Sie nehmen die ganze Wurfkiste (vorausgesetzt, sie hat einen Boden!) aus dem Stall. Gerade bei Angoras ist das sehr zu empfehlen, da die Bauchwolle der Häsin nach vier Wochen schon wieder gefährlich lang ist. Die ausgerupften Wollhaare müssen kurz geschnitten werden, damit sich die Jungen nicht strangulieren. Diese Arbeit erledigen Sie am besten in einem warmen Raum, und die Jungen legen Sie solange in angewärmten Zellstoff.

Trinken, schlafen und erste Ausflüge

Die Säugezeit dauert etwa sechs bis acht Wochen. Bitte reichlich Wasser und gehaltvolles Futter nicht vergessen. Ab der dritten Woche wagen sich die ersten Jungen für kurze Zeit aus dem Nest. Krabbeln sie schon vor dieser Zeit außerhalb des Nestes herum, dann stimmt etwas nicht mit der mütterlichen Nahrungsquelle (s. Kapitel Krankheiten – Euterentzündung Seite 30), oder die Häsin hat zu wenig Trinkwasser, zu energiearme Kost oder zu viele Junge.

Lautlose Rasenmäher in unermüdlichem Einsatz

Im letzteren Fall können Sie versuchen, zwei Junge einer anderen säugenden Häsin unterzuschieben. Manchmal klappt das ganz gut, und ich kenne Fälle, in denen eine Kaninchenmutter gleich einen ganzen Wurf (einer anderen Rasse) adoptiert hat.
Wenn die Jungen beginnen, im Aufzuchtstall herumzuhoppeln, ist es wichtig, dass der Stall sehr sauber gehalten und gut eingestreut wird. Denn jetzt besteht die Gefahr, dass sich die Kleinen am Kot der Mutter mit Kokzidiose infizieren (siehe Kapitel Krankheiten – Kokzidiose Seite 32).
Achten Sie auch darauf, dass das Futter einwandfrei ist. Denn jetzt mümmeln die Kleinen auch, was Muttern frisst, und werden von Tag zu Tag unabhängiger von der Mutermilch. In Notfällen können sie sich ab der sechsten Woche ohne die Mutter ernähren (Haferflocken, häufige, aber kleine Mengen frisches, unbetautes Grünfutter). Da die Muttermilch unersetzlich für die erste Darmreinigung ist (das so genannte Darmpech geht ab, wenn die erste Milch, die Kolostralmilch, aufgenommen wurde), aber auch für den Körperaufbau und die Krankheitsabwehr, sollten die Tiere mindestens bis zur achten Woche bei der Mutter bleiben.
Ausnahmen sind Milchmangel oder eine heftige „Hitzigkeit" der Mutter, wenn sie also wieder deckbereit ist und sich deshalb sehr unruhig verhält. Natürlich darf die Mutter nicht sofort wieder gedeckt werden, sondern braucht unbedingt zwei bis drei Wochen Ruhe.

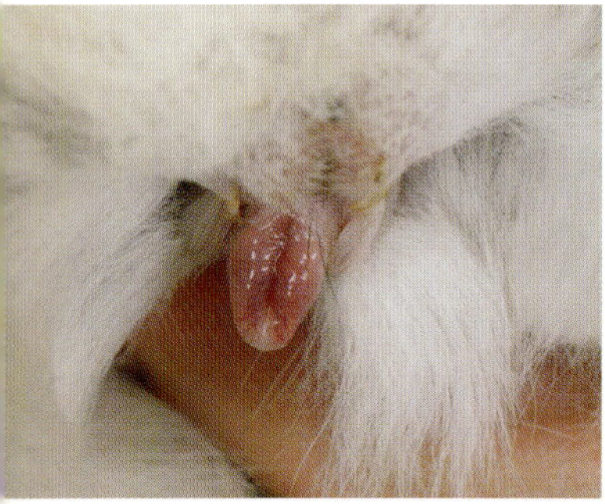

Der kleine Unterschied: Häsin ...

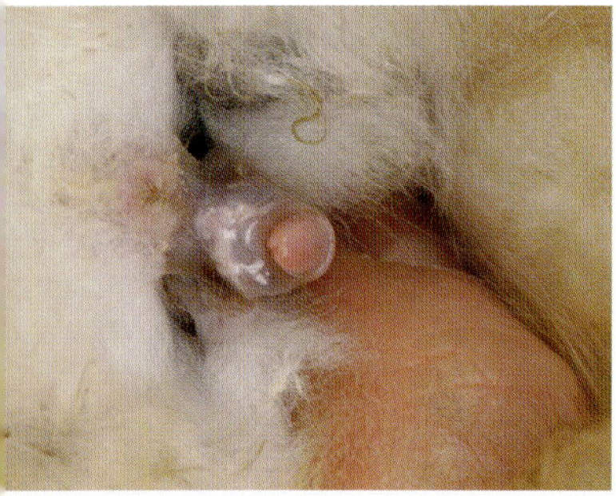

... und Rammler.

Von der Mutter trennen

Angorakaninchen müssen mit acht Wochen das erste Mal geschoren werden, da danach die Wolle schnell verfilzt und das Scheren viel Mühe bereitet. Es ist sinnvoll, die geschorenen Jungtiere danach noch eine Woche bei der Mutter zu lassen, damit Schur und Trennung nicht gleichzeitig erfolgen.
Wenn keine zwingenden Umstände vorliegen, nimmt man nicht alle Jungen gleichzeitig von der Mutter weg, sondern zuerst die zwei oder drei kräftigsten. Die Jungtiere können dann noch bis zur 11. Woche beieinander bleiben, allerdings muss der Käfig dann sehr groß sein, denn viel Bewegung ist in diesem Alter das Wichtigste.

Männchen oder Weibchen?

Ab der 11. Woche muss die Geschlechtertrennung stattfinden, da bereits mit 12–13 Wochen die Geschlechtsreife eintreten kann. Männliche und weibliche Tiere sind, besonders in diesem Alter, nicht ganz einfach zu unterscheiden.
Natürlich sollten Sie einen erwachsenen Rammler auch schon an seinem Äußeren erkennen können. Je ausgeprägter der Kopf ist, umso leichter fällt die Unterscheidung. Allerdings ist das bei Jungtieren noch nicht möglich.
Die jungen Rammler sollten Sie bald separieren, denn die Rivalenkämpfe sind teilweise sehr heftig. Vielleicht sind es aber auch ruhi-

Check: So bestimmen Sie das Geschlecht beim Kaninchen

- ☐ *Setzen Sie sich hin, nehmen Sie ein Tier so auf den Schoß, dass es mit dem Rücken an Ihren Bauch gelehnt auf den Hinterläufen sitzt.*
- ☐ *Mit einer Hand halten Sie die Vorderläufe nach oben, mit der anderen suchen Sie vorsichtig im Fell nach den Genitalien.*
- ☐ *Wenn Sie nun mit Zeige- und Mittelfinger* **vorsichtig** *und mit* **leichtem** *Druck die Haut auseinander spannen, tritt das Geschlechtsteil hervor.*
- ☐ *Beim Rammler erkennen Sie mit etwas Mühe ein rundes Röhrchen, bei der Häsin ist diese Röhre zum After hin offen, bildet also ein „U“.*
- ☐ *Wenn Sie sich am Anfang nicht sicher sind, holen Sie zum Vergleich noch einmal Tiere aus dem Stall, von denen Sie das Geschlecht mit Sicherheit kennen (z.B. den Rammler und die Häsin). Mit etwas Geduld und Fingerspitzengefühl wird Ihnen das Unterscheiden bald keine Mühe mehr machen. Warten Sie jedoch mit dem „Aussortieren“ nicht bis zur letzten Minute, und nehmen Sie sich Zeit!*

ge Zeitgenossen, und sie können bis zur Schlachtreife (12–16 Wochen) in einem sehr großen Auslauf beieinander gehalten werden. Weibliche Jungtiere (Geschwister) können ohne Bedenken beieinander gelassen werden. Natürlich muss der Käfig entsprechend groß sein. Wer nur über normal große Ställe verfügt, kann bei Doppelställen die Zwischenwand herausnehmen und zwei Häsinnen zusammen hineinsetzen.

Kaninchenkrankheiten

Gesundheitsvorsorge

Krankheitserreger sind immer und überall. Auch und gerade permanente Desinfektion der Ställe kann sie nicht ausrotten. Es wird immer Keime geben, die sich auch an das fürchterlichste Desinfektionsmittel gewöhnen und weiterleben werden. Aber nur geschwächte oder schlecht gehaltene Tiere werden mit Krankheitserregern nicht fertig, werden also krank. Eine Ausnahme bildet die Myxomatose, die, wie alle Seuchen, auch den gesunden Körper ausgerechnet an einer absolut unbewaffneten Stelle seiner Immunabwehr trifft, womit in der freien Natur Überpopulationen verhindert oder reduziert werden.

Achten Sie darauf, dass Ihr Kaninchenpalast auch leicht zu reinigen ist.

Ein gutes Beispiel für den engen Zusammenhang
Gesundes Tier – gute Haltung – Krankheitsabwehr
liefert die Kokzidiose. Die Erreger dieser Krankheit sind im Darm fast jeden gesunden Kaninchens nachweisbar, gefährlich werden sie den Tieren aber nur, wenn bestimmte Voraussetzungen zusammentreffen. Sauberes, abwechslungsreiches Futter, reichliche und saubere Einstreu, Bewegung an frischer Luft sind die entscheidenden Voraussetzungen für gesunde Tiere. Kritische Zeiten, in denen die Tiere besonders krankheitsanfällig sind, müssen durch besondere Aufmerksamkeit gegenüber Krankheitszeichen, optimales Futter und gewissenhafte Stallreinigung überwunden werden.
Gefährdet sind vor allem Jungtiere, trächtige und säugende Häsinnen, Angorakaninchen kurz vor und nach der Schur, Tiere im Fellwechsel und während der Futterumstellung (besonders bei Beginn der Grünfuttergaben).
Stress durch Ausstellungen, Transport, ungewohnten Lärm oder starke Witterungsumschwünge sorgt immer für ein geschwächtes Immunsystem.

„Neue" Kaninchen sollten eine Zeit lang getrennt gehalten werden, damit sie keine Krankheiten übertragen können.

Quarantäne für neue Kaninchen

Neu hinzugekaufte Kaninchen sollte man erst einmal vier Wochen separat halten und nicht gleich decken lassen, damit eventuell vorhandene Krankheiten nicht auf Rammler und Wurf übertragen werden. Der Kot neu hinzugekaufter Tiere sollte auf die Menge der Kokzidien untersucht werden (Adresse beim Züchterverein oder Tierarzt erfragen). Ein überdurchschnittlicher Befall mit Kokzidien heißt weitere Quarantäne und tägliche Stallreinigung, bis eine erneute Untersuchung bessere Ergebnisse bringt.

Kranke Kaninchen erkennen

Die folgenden Kaninchenkrankheiten sind ein Überblick über die häufigsten Formen. Unklare Fälle müssen auf jeden Fall dem Tierarzt vorgeführt werden. In schwierigen Fällen sollte man sich lieber

für eine Schlachtung entscheiden, statt dem Tier weitere Qualen zuzumuten.
Wenn Ihr Tier keine Petersilie mehr mag oder erhöhte Temperatur hat, ist das ein Alarmzeichen. Die Normaltemperatur liegt bei 39 °C. In verdächtigen Fällen überprüfen Sie die Temperatur, indem eine Person das Tier auf einer festen Unterlage festhält und streichelt, während eine zweite Person ein mit Vaseline bestrichenes Kinderthermometer zwei Minuten im After des Tieres hält.
Selbstverständlich darf das Fleisch kranker oder gar verendeter Tiere nicht verzehrt werden! In solchen Fällen geben Sie den Kadaver einer Tierkörperverwertungsanstalt, oder Sie fragen den Tierarzt oder den Verein nach einer zulässigen Möglichkeit der Entsorgung. Notfalls müssen Sie den Kadaver verbrennen (Vorsicht – Geruchsbelästigung der Nachbarschaft). Tiefes Vergraben wird auch praktiziert, bedeutet aber unter Umständen eine Trinkwassergefährdung.

Info

Krankheiten vorbeugen

1.) sauberes Trinkwasser
2.) saubere Ställe
3.) saubere Einstreu
4.) abwechslungsreiches Futter
5.) Eiweiß in Maßen
6.) keine Überhitzung
7.) keine Zugluft
8.) viel Bewegung

Kaninchenkrankheiten von A bis Z

Blähsucht
Trommelsucht

Merkmale: Aufgetriebener, oft harter Leib, eventuell Kreislaufschwäche, Atemnot (blaue Ohren und Lippen, starkes Hecheln).
Ursache: Verdauungsstörung mit Gasbildung durch falsches Futter (siehe „Fütterung" Seite 16 ff).
Behandlung: Ist in schweren Fällen nicht mehr möglich und endet tödlich. Ansonsten sofort Futter und Einstreu entfernen. Viel Bewegung, Holzkohle oder vom Arzt empfohlene Medikamente zur Gasbindung eingeben. Eventuell einen Teelöffel starken Kaffee zur Kreislaufanregung seitlich per Pipette einflößen. Dabei das Tier auf den Schoß nehmen (keine heftigen Bewegungen oder derbes Anfassen) und mit einer Hand den Kopf festhalten. Am nächsten Tag nur bestes Heu füttern.
Besonders gefährdet: Jungtiere.

Durchfall

Merkmale: Weicher oder dünnflüssiger, eventuell blutvermischter Kot, säuerlicher, übler Geruch.
Ursache: Falsches Futter, Unterkühlung, Zugluft, feuchter Stall, Vergiftung durch chemische Rückstände. Vorsicht, eventuell Anzeichen für Kokzidiose!
Behandlung: In schweren Fällen nicht mehr möglich.

Ursachen abstellen, nur Heu füttern, lauwarmen Kamillentee mit einer Prise Salz reichen oder per Pipette einflößen, da gerade kleine Tiere bei Durchfall innerlich austrocknen.
Sehr zu empfehlen: „Elotrans" oder „Oralpädon" (in Apotheken erhältlich) zu trinken geben, da so der Elektrolythaushalt wieder ins Gleichgewicht kommt.
Besonders gefährdet: Jungtiere, besonders während der Futterumstellung, Angoras nach der Schur.

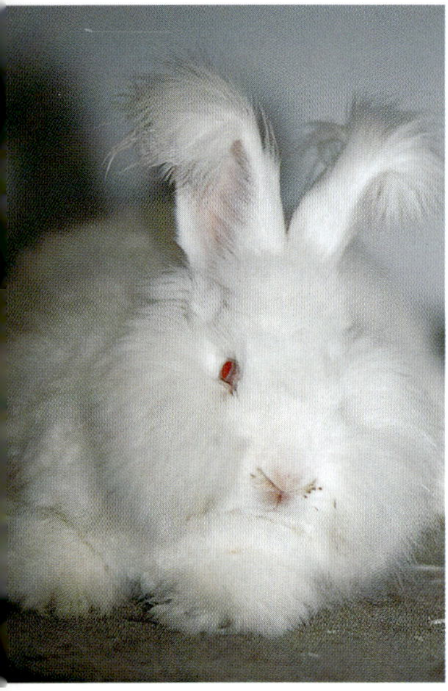

Angoras sind nach der Schur ziemlich empfindlich und können die ein oder andere Krankheit wie beispielsweise Durchfall bekommen.

Eierstockzysten

Merkmale: Häsin wird nicht trächtig, obwohl sie von verschiedenen Rammlern gedeckt wurde. Gebärmutter- oder Scheidenerkrankung als Ursache der Unfruchtbarkeit liegen nicht vor.
Eierstockzysten kommen häufiger vor, sie sind nur am geschlachteten Tier feststellbar, eine Behandlung ist nicht möglich.
Versuche mit homöopathischen Medikamenten sind ebenfalls denkbar.

Entzündungen

an Augenhornhaut, Bindehaut, Lid, Mundschleimhaut
Merkmale: Gerötete Augen, Tränenfluss, Schwellung der Lider und der Mundschleimhaut.
Ursache: Wenn Verdacht auf ansteckenden Schnupfen, Lungenentzündung, Geschlechtskrankheit oder Myxomatose unbegründet: Zugluft, Reizung durch ammoniakhaltige Luft (mangelhafte Stallhygiene), staubige Einstreu oder Verletzung, eventuell durch andere Kaninchen.
Behandlung: Staubfreie, saubere Einstreu, Frischluftzufuhr ohne Zugluft. Die betroffenen Stellen mit Kamillen- oder Augentrosttee mehrmals täglich behandeln (Pipette oder Zellstoff).

Euterentzündung

Merkmale: Gesäuge geschwollen, heiß, eventuell hart mit kleinen Knoten, abgemagerte Jungtiere.
Ursache: Mangelnde und/oder unsaubere Einstreu, daher Unterkühlung, Verletzung der Zitzen und Infektion.
Behandlung: Saubere, warme Einstreu, Zitzen mit Essigwasser abwaschen, Kamillensalbe. Das Tier vorsichtig auf die Seite legen, festhalten und die Jungen anlegen, damit der Druck durch die Milch nachlässt, eventuell vorsichtig massieren, damit die Milch austritt. Calendula- und Arnicaumschläge, eventuell mit Olivenöl, sind ebenfalls hilfreich.

Geschlechtskrankheit
Spirochaetose

Merkmale: Keine Störung des Allgemeinbefindens.
Erstes Stadium: Äußere Geschlechtsorgane und Umgebung geschwollen und entzündet, danach stecknadelkopfgroße Knötchen, die leicht zerfallen, bluten und dann eintrocknen.
Zweites Stadium: Zusätzlich zum Erscheinungsbild des ersten Stadiums dringen Erreger in die Blutbahn ein und verursachen Veränderungen an Augen, Mund, Ohren, Gesäuge und After.
Ursache: Schraubenbakterien (Spirochaeten).
Übertragung durch Deckakt, möglicherweise auch durch verseuchten Stall, nicht auf Menschen und andere Säugetiere übertragbar.
Behandlung: Quarantäne und ärztliche Behandlung (zwei Penicillinspritzen im Abstand von einer Woche).

Gesäugeschwellung
> Siehe Euterentzündung Seite 30

Hasenpest
Tularämie (anzeigepflichtig)

Merkmale: Schneller Verlauf: Erhöhte Temperatur (40–41 °C), Krämpfe.
Langsamer Verlauf: Abmagerung, Mattigkeit, Niesen, struppiges Fell.
Ursache: Beim Kaninchen seltene, durch Zecken übertragene Nagetierseuche. Da auch auf Menschen und andere Haustiere übertragbar, ist die Hasenpest anzeigepflichtig.
Behandlung: Beim Kaninchen nicht möglich.

Hitzschlag

Merkmale: Kurz vor dem für das Kaninchen tödlichen Kreislaufkollaps: Matte, flache, sehr schnelle Atmung.
Ursache: Zu große Hitze, kein Trinkwasser.
Behandlung: Vor dem Kollaps sofort in den Schatten bei Temperaturen um 20° C bringen, ebenso temperiertes Wasser in einer Schale zu trinken geben, Bewegung.
Vorbeugen: Nasse Tücher vor die Ställe hängen, den Stallgang mit Wasser bespritzen, weißer Sonnenschutz über dem Stalldach.
Besonders gefährdet: Säugende und dickpelzige Kaninchen, Angoras vor der Schur.

Impotenz

Merkmale: Der Rammler führt den Deckakt nicht aus oder befruchtet zumindest nicht.
Ursache: Das Tier ist entweder zu fett oder zu oft zum Decken eingesetzt worden oder allgemein geschwächt (Krankheit, Ernährung).

Behandlung: Zu fette Tiere erhalten weniger Futter und reichlich Bewegung. Schwache Tiere sollten geschont werden und eiweiß- und vitaminreiche Ernährung sowie Auslauf erhalten.

Kaninchenpest (Septikämie)

Merkmale: Wie Hasenpest (Tularämie)
Ursache: Infektionskrankheit, die durch weit verbreitete Erreger stark geschwächte Tiere befällt.
Behandlung: Durch gute Haltung vorbeugen. Bei langsamem Verlauf können Antibiotika helfen. Bei Verdacht auf Hasenpest oder Kaninchenpest unbedingt Tierarzt aufsuchen!

Frische Luft, saftiges Gras und viel Bewegung sorgen für ein gesundes Kaninchen.

Kannibalismus

Merkmale: Häsin frisst alle neugeborenen Jungen auf.
Ursache: Entweder durch Inzucht verlorene Mutterinstinkte, starke Schmerzen bei der Geburt, zu wenig Platz in zu kleinen Ställen, oder, was die Hauptursache sein dürfte: mineralienarme, einseitige Ernährung.

Knochenbrüche

Merkmale: Wirbelsäulenverletzung: Lähmung.
Anbruch: Bein wird geschont, kann kaum oder gar nicht bewegt werden.
Durchbruch: Knochen steht hervor, Knochensplitter ragen durch die Haut.
Ursache: Im Haus frei laufende Kaninchen sind zwischen Tür und Rahmen eingequetscht worden, im Sprung irgendwo hängen geblieben oder z.B. bei der Schur vom Tisch gesprungen.
Behandlung: Vorbeugen durch Türen, die vor Zuschlagen durch Zugluft geschützt sind. Tiere immer fest, aber vorsichtig mit beiden Händen halten, Schertische sinnvoll konstruieren, keine unbeaufsichtigten, offenen Stalltüren, Schutzbrett hinter der Stalltür nicht vergessen. Nur bei Anbruch ist durch Schonung Selbstheilung möglich. Ansonsten erlösen Sie das Tier von seinen Qualen, indem Sie es schlachten.

Kokzidiose

Merkmale: Aufgeblähter Leib, teilweise blutiger Durchfall, Futterverweigerung, Abmagerung, blasse Schleimhäute, Zittern, Lähmung der Hinterläufe, Krämpfe. Bei Jungtieren rascher, tödlicher Verlauf.

Ursache: Kokzidien (tierische, einzellige Parasiten), die zuerst im Darmkanal die Darmschleimhaut oder auch Galle und Leber zerstören. Ausgeschieden leben sie als Oocysten weiter, brauchen drei Tage und feuchte Wärme (20 °C), bis sie platzen und so, vielfach vermehrt, eventuell durch die Einstreu aufgenommen werden und wieder ansteckungsfähig sind.
Behandlung: Entscheidend sind vorbeugende Maßnahmen: Etwa 70–90 % aller Kaninchen haben Kokzidien im Darm – allerdings in unterschiedlicher Menge. Darum die Tiere nach Ankauf separieren und Kot untersuchen lassen. Immer für saubere Einstreu sorgen – häufige Entmistung.

Check: Maßnahmen bei Kokzidiose

- ☐ *Schwer kranke Tiere töten, krankheitsverdächtige Tiere separieren.*
- ☐ *Gründliche Stallsäuberung: Kotreste mit Schaber aus dem Stall kratzen und mit der Einstreu verbrennen. Mit Lötlampe Ställe ausflammen. Gelöschten Kalk in die Ecken streuen. Näpfe und Raufen gründlich säubern;*
- ☐ *Täglich Kot und Einstreu entfernen und verbrennen – etwa 10 Tage lang;*
- ☐ *Gutes Futter in sauberen Behältern, Gras und Heu nur in kotgeschützten Raufen verfüttern;*
- ☐ *Ausreichend Platz, damit die Tiere nicht im Kot sitzen müssen;*
- ☐ *Eventuell Haferschleim füttern.*
- ☐ *Auslaufställe: Oberste Bodenschicht muss abgetragen werden, wenn möglich verbrennen und/oder mit Kalk bestreuen.*

Besonders gefährdet: Jungtiere, die das Nest verlassen, im Fellwechsel und bei Futterumstellung.

Myxomatose

Merkmale: Tränende Augen, seitlich stark angeschwollener Kopf, aufplatzende Beulen an den Ohren, teigige Anschwellungen am ganzen Körper, Atemnot, Tod nach 3–5 Tagen.
Ursache: Virus, der durch blutsaugende Insekten übertragen wird, ebenso durch Grünfutter, das durch infizierte Wildkaninchen mit dem Virus verseucht wurde. Die Seuche trat 1889 erstmals in Südamerika auf. 1950/51 wurde mit dem Virus die australische Kaninchenplage bekämpft, 1952/53 trat die Seuche in Europa auf.

Deutsche Widder – zu erkennen an den herabhängenden Ohren.

Behandlung: Fast nicht möglich. In Seuchengebieten müssen die Ställe mit Gaze gegen die Stechmücken geschützt werden. Impfungen schützen einige Monate. Sauberes, weiches Grünfutter, geriebene Möhren, saubere Einstreu.
Tiere, die die Myxomatose überleben, behalten zwar Narben zurück, bleiben aber lebenslang immun gegen diese Seuche und vererben diese Eigenschaft an ihre Nachkommen!

Räude

Merkmale: Kopfräude: Milbengänge im Kopfbereich, Haare fallen aus, Haut wird rot, schuppig, verkrustet, Juckreiz.
Ohrräude: Kleieartiger Belag (später krustig) im Ohr. Tiere halten den Kopf schief, schütteln und kratzen sich.
Ursache: Unsaubere Stallungen. Milben fressen Gänge in Haut, Ohrmuschel oder Gehörgang. In den Gängen legen sie ihre Eier ab, die Kaninchen verteilen durch Kratzen die Milbenbrut auf andere Körperteile.
Behandlung: Saubere Stallungen! Die leicht übertragbare Hauterkrankung mit den sehr hartnäckigen Milben muss sofort vom Tierarzt behandelt werden, sonst kommt jede Hilfe zu spät.

Schnupfen

Merkmale: Leichter Schnupfen und Lungenentzündung: Klarer Ausfluss nach Niesen, Kreislaufschwäche.
Seuchenhafter Schnupfen: Schleimige oder eitrige Absonderungen nach Niesen, Bindehaut- und Mittelohrentzündung, Mattigkeit, Fressunlust.

Ursache: Schlechte Haltungsbedingungen, Zugluft, große Hitze, mangelhafte Ernährung.
Behandlung: Erkrankte Tiere sofort separieren. Desinfektion der Ställe und Geräte. Mit Gummi-Wegwerfhandschuhen arbeiten. Tierarzt! Vorsicht! Durch Nachlässigkeit wird aus einfachem Schnupfen im Nu der seuchenhafte Schnupfen. Oft tritt nach plötzlicher Besserung des leichten der seuchenhafte Schnupfen auf. Unbedingt für bessere Haltungsbedingungen sorgen!

Speichelfluss

Merkmale: Die Tiere „sabbern".
Ursache: Fremdkörper (Granne, Distel oder Ähnliches) im Mund- und Rachenbereich.
Behandlung: Fremdkörper (eventuell mit Pinzette) entfernen. Hält der Speichelfluss an, muss der Tierarzt hinzugezogen werden.

Verstopfung

Merkmale: Tiere sitzen ohne zu fressen mit krummem Rücken und aufgetriebenem Leib im Stall, kein oder wenig Kot geht ab.
Ursache: Zu mastiges Futter, kein Raufutter, Umstellung auf Trockenfutter, keine Tränke, wenig Bewegung, Infektion mit Fieber.
Behandlung: Mehr Bewegung, Wasser, Raufutter, Obst und Gemüse. Bleibt die erhöhte Temperatur – Tierarzt befragen.

Vitaminmangel

Merkmale: Sehr langsame Gewichtszunahme, Kümmerwuchs, schlechtes Fell, Infektanfälligkeit.
Ursache: Zu einseitiges Futter, zu wenig Sonne.
Behandlung: Gutes, abwechslungsreiches Futter (frisch), gute Stallbedingungen, eventuell Vitamin D3-Tropfen.

Wunde Läufe

Merkmale: Entzündungen und Geschwüre mit Haarausfall an den Läufen, die Tiere lahmen und liegen mit stark angezogenen Läufen.
Ursache: Keine oder unsaubere, feuchte Einstreu, zu wenig Auslauf, zu mastige Fütterung.
Behandlung: Saubere, reichliche Einstreu, mehr Bewegung, Tränke nicht vergessen! Kein Fertigfutter und Hafer, sondern nur frische Pflanzen und Heu füttern. Kamillentee oder Kamillensalbe mehrmals täglich auf befallene Stellen auftragen.

Septikämie
> Siehe Kaninchenpest S. 32

Spirochätose
> Siehe Geschlechtskrankheiten S. 31

Trommelsucht
> Siehe Blähsucht S. 29

Tularämie
> Siehe Hasenpest S. 31

Unfruchtbarkeit
> der Häsin: siehe Eierstockzysten S. 30

Wunde Zitzen
> Siehe Euterentzündung S. 30

Verwertung

Kaninchenfleisch

Die folgenden Seiten wenden sich an die Selbstversorger unter Ihnen. Kaninchenfleisch ist unter Feinschmeckern in England, Frankreich, Spanien und Italien hoch geschätzt, gehört dort auf den wöchentlichen Speiseplan, und Krankenhäuser verwenden das Fleisch wegen seiner hervorragenden diätetischen Eigenschaften. Kaninchenfleisch ist im Geschmack mit Kalbfleisch vergleichbar, sehr leicht verdaulich, mit höherem Eiweißgehalt als Rind- und Hühnerfleisch und dem niedrigsten Purinkörpergehalt, der im Körper zu Harnsäure umgewandelt, neben Bewegungsmangel und einer vererbbaren Veranlagung hauptverantwortlich für Gicht, Gelenkentzündungen und Stoffwechselerkrankungen ist. Bei Herzinfarktgefährdung, Arteriosklerose, Nierenschrumpfung und vielem anderen ist Kaninchenfleisch ebenfalls sehr zu empfehlen.

Kaninchen schlachten

Ein Kaninchen zu schlachten ist eine emotional und technisch nicht ganz einfach zu lösende Aufgabe. Ich kann Ihnen darum nur dringlichst empfehlen, einen wirklich erfahrenen Züchter um Hilfe

zu bitten, nicht nur theoretisch, sondern praktisch, bevor durch verständliche Unsicherheit Schaden angerichtet wird!
Entscheidend ist eine schnelle, möglichst stressfreie Schlachtung. Wenn Ihr Lehrmeister das nicht kann, suchen Sie schleunigst und ohne zu zögern einen anderen!

Kaninchenfelle

Wenn die Felle der Tiere verarbeitet werden sollen, schlachtet man zur Fellreife, was nur zweimal im Jahr der Fall ist. Am schönsten sind die Winterfelle, die zu Winterbeginn reif sind. Wenn Sie mit der Hand gegen den Strich durch das Fell streichen und es gehen keine Haare aus, ist das Fell reif. Das Abbalgen und Ausnehmen des Kaninchens – ebenso wie die vorbereitende Bearbeitung des Felles zur Trocknung – lassen Sie sich ebenfalls am besten von Fachleuten zeigen, um Lehrgeld zu sparen.
Zur Weiterverarbeitung der Pelze von Praktischem bis zum Spielzeug gibt es spezielle Literatur (z.B. „Pelze nähen am Feierabend“ von Erich Goerner, Verlagshaus Reutlingen, Örtel + Spörer, im Antiquariat oder in Büchereien).

Angorawolle

Je stärker die Flaumhaare gekräuselt sind, umso stärker ist auch das Wärmespeicherungsvermögen. Außerdem sind diese Flaumhaare innen hohl und zeigen damit das gleiche Phänomen wie das Fell des Eisbären, dessen Kälteschutz neben Dichte und Länge der Fellhaare in dem Trick mit den Hohlräumen besteht.

Info

Angorawolle

Angorawolle ist wegen ihrer guten Hautverträglichkeit, ihrer Heilwirkung bei Rheuma- und Gelenkerkrankungen und wegen ihres enorm hohen Wärmespeicherungsvermögens wertvoll.

Dieses flauschige Angorakaninchen ist reif für die Schur.

Zum Vergleich: Schafwolle hat ein Wärmespeicherungsvermögen von ca. 50 %, Angorawolle je nach Flaumhaarmenge 50–70 %. Um einen Schafwollpulli auf 70 % zu bringen, müsste die dreifache Wollmenge verstrickt werden. Um die im Vergleich nicht so hohe Reißfestigkeit der Angorawolle auszugleichen, wird meist etwas Merinoschafwolle mitverstrickt beziehungsweise im Angoragarn mitversponnen.

Je hochwertiger die Wolle eines Angorakaninchens ist, umso mehr Flaumhaare und umso weniger Grannenhaare hat es. Die Grannen bedecken das gesamte Fell, sind relativ fest, glänzend und ungekräuselt. Im Allgemeinen machen sie etwa 2–5 % der Gesamtwolle aus. Ältere Tiere bilden mit der Zeit größere Grannenanteile in der Wolle, sind aber für die Zucht immer noch hervorragend geeignet. Unter den Grannenhaaren liegen die Grannenflaumhaare, die fester als die Flaumhaare, aber ebenfalls gekräuselt sind und eine Grannenspitze haben. Die Unterwolle wird von den begehrten Flaumhaaren gebildet. Je dicker diese Haare sind, um so weniger verfilzen sie.

Zum Verspinnen ist es zweckmäßig, möglichst lange Wollhaare zu verarbeiten. Da aber mit zunehmender Flaumlänge die Wolle am Kaninchenkörper verfilzt, und da sich durch Lecken und Putzen überlange Haare im Verdauungstrakt zu gesundheitsgefährdenden Knäueln ansammeln können, sucht man einen Mittelweg und schert, wenn die Wolle mindestens 6 cm lang ist. Je nach Futter und Haltungsbedingungen ist das etwa alle 10–13 Wochen der Fall. Die Wolle säugender Häsinnen wächst verständlicherweise langsamer,

1 Werkzeuge für die Fellpflege und die Schur.

2 Angora mit einem flotten Kurzhaarschnitt.

3 Der Nächste bitte! Er betrachtet schon mal interessiert die Utensilien.

da hier viel Energie in die „Milchproduktion" investiert wird. Trächtige Häsinnen werden nicht geschoren und sollten erst etwa 2–3 Wochen nach der Schur gedeckt werden. Jungtiere werden mit 8–9 Wochen das erste Mal geschoren. Wegen ihrer enormen Wollproduktion haben Angoras übrigens einen höheren Wasserbedarf als andere Kaninchenrassen.
Der Jahreswollertrag pro Tier liegt heute bei etwa 1200 g. 1956 waren es noch 500–600 g und 1930 ca. 230 g. Die Wolle der Monate Oktober bis Dezember wächst erfahrungsgemäß am schnellsten und ist am dichtesten.
Auch hier empfehle ich: Lassen Sie sich unterweisen, bevor die Schur zur Qual für Mensch und Tier wird!

Kaninchenmist als Dünger

Kaninchenmist ist ein wertvoller Dünger, den jeder Gärtner und Selbstversorger zu schätzen weiß. Wenn man, wie besprochen, Kotkisten verwendet, in die zuunterst etwas Erde und dann Stroh eingefüllt wird, bilden Urin und Kot in dieser Mischung eine ideale Komponente für den Komposthaufen. Wem es zu viel Arbeit ist, die Erde in die Kästen zu füllen – Stroh allein tut es auch, ist aber nicht so saugfähig, und das Ganze muss natürlich mit Erde vermischt werden, bevor es in den Kompost eingearbeitet wird. Nur so viel sei hier gesagt: Frischer, tierischer Dünger wird *nie unverdünnt* in den Boden gebracht, sondern im Herbst *verdünnt* mit Mulchmaterial auf dem Boden verteilt und leicht eingeharkt. Das Gleiche gilt für halbgaren Kompost.

Tipp

Kaninchenmist

Kaninchenmist gehört neben Schaf-, Geflügel- und Ziegenmist zu den „hitzigen" Düngern. Ihr Stickstoffgehalt kann bei Überdüngung Geilwuchs hervorrufen. Darum sparsam und bei stark zehrenden Gemüse einsetzen.

Auch Blumen wie die stark zehrende Sonnenblume sind dankbar für aufbereiteten Kaninchendünger.

Hühner, Enten und Gänse

Hühner

Glückliche Hühner auf der grünen Wiese: So sieht die optimale Hühnerhaltung aus.

Wer Tiere hinterm Haus halten will und dabei nicht an Hühner denkt, mag sich zu Zeiten der „Vogelgrippe" bestätigt fühlen. Doch Hand aufs Herz – wollen Sie von nun an auf Eier verzichten – für immer und ewig? Kuchen, Eiscreme, Tiramisu, Omelette, Nudeln ..., die Palette der Köstlichkeiten ist fast endlos.

Nicht zu vergessen – der Seelenfaktor!

Ich behaupte, Hühner sind gut für die Seele. Stellen sie sich vor: Eine kleine Hühnerschar, die friedlich auf der Suche nach Futter unter den Obstbäumen scharrt, dabei leise vor sich hin gurrt und dazu ein stolzer, bunter Hahn, der seinen Damen Leckerbissen anpreist. Aber am allerdrolligsten ist eine Glucke, die, umgeben von hellen und dunklen wieselflinken Wattebällchen auf Streichholzbeinchen, ihren Küken die Welt erklärt. Dieser Anblick ist so herzerwärmend, dass sich auch der Übellaunigste und Trübsinnigste wieder mit der Welt versöhnen muss.

Jedoch gilt es auch hier – wie bei allen anderen Haustieren –, die Lebensbedingungen ihrer wilden Vorfahren zu kennen und in möglichst umfassender Weise optimal auf unsere Haustiere zu übertragen. Dabei sollte uns aber auch klar sein, dass artgerechte Hühnerhaltung zur finanziell teuersten Form der Tierhaltung gehört. Bis zu der Zeit nach dem Zweiten Weltkrieg wäre niemand auf die Idee gekommen, Hühnerfleisch könnte das billigste Fleisch überhaupt sein und Eier würden zum wertlosen Massenprodukt verkommen.

Das Leben der wilden Hühner

Die Heimat unserer Haushühner ist Asien. In Indien gibt es das Bankiva-Huhn, klein und rebhuhnfarbig, seit etwa 3200 v. Chr. Es lebt dort im Dschungel oder in trockenen Wäldern.
Wie alle Hühner ist es ein Scharrvogel, dessen Hauptbeschäftigung darin besteht, durch schwungvolles Kratzen – abwechselnd mit beiden Füßen nach hinten und zur Seite – nach Essbarem zu scharren. Pflanzenteile, Samen, Erde, Sand, Insekten und Würmer werden in den körpereigenen Vorratsbehälter – den Kropf – gefüllt.

Die Sinne der Hühner

Wie bei allem Geflügel ist der Geschmacks- und Geruchssinn nur schwach ausgeprägt. Salzig, süß, sauer und bitter werden nur bei feuchtem Futter oder im Wasser wahrgenommen und nicht gern gemocht.
Große Kälte wird leichter ertragen als große Hitze, da Hühner keine Schweißdrüsen haben. Kühlung gibt das Trinkwasser und ein aufgesperrter Schnabel.
Hühner sehen als Waldbewohner am besten bis ca. 5 m für die Futtersuche in Farbe und auf maximal 50 m für größere Gegenstände am besten bei Helligkeit. Dunkelheit macht sie hilflos. Darum entfernen sich auch unsere Haushühner nicht weiter als 50 m vom Stall, der in der Dämmerung aufgesucht wird.
Waldhühner meiden offene Flächen, suchen Deckungsmöglichkeiten und fliegen bei Gefahr in möglichst hoch gelegene Baumwipfel, wo sie auch zum Schutz vor Raubwild übernachten.
Vibrationsorgane vor allem auf den Beinen

Typisch für einen Hahn und Zeichen guter Gesundheit: Der leuchtend rote Kamm!

bieten Geflügel eine zusätzliche Alarmanlage vor Gefahr. Damit können Schwingungen des Bodens und der Luft wahrgenommen werden. Vielleicht sollte man sich in Erdbebengebieten diese Fähigkeit zu Nutze machen. Zur frühen Feinderkennung gehört auch ein gutes Gehör.

Wildhühner leben gesellig und kennen ca. 30 stimmliche Ausdrucksformen. Haushühner übertreffen sie darin bei weitem. Wildhühner legen 8–12 Eier pro Jahr. Hochleistungshühner in Legebatterien bringen es im gleichen Zeitraum auf durchschnittlich 300 Eier.

Huhn beim Staubbaden.

Info

Rangordnung

Wenn die Gruppe sich in der Zusammensetzung nicht verändert, bleibt die Rangordnung bestehen. Es genügen Andeutungen, um Fronten zu klären.

Der Tag des Huhns

Der Tagesablauf beginnt mit einem Aktivitätshoch kurz vor Sonnenaufgang. Wer kann, legt ein Ei und macht sich auf Futtersuche. Gegen Mittag wird ein Staubbad genommen und das Gefieder geputzt. Dabei ist absolute Ungestörtheit wichtig. Danach geht es wieder auf Futtersuche. Das zweite Aktivitätshoch reicht bis Sonnenuntergang. Jetzt muss in der Wildnis auch ein geeigneter Schlafplatz gefunden sein. Das Gefühl für Sicherheit gewährleistet einen guten Schlaf.

Strenge Hackordnung

Die Rangordnung wird durch eine Hackordnung genau festgelegt. Außer der Kampfbereitschaft mit Schnabelhacken auf Nacken und Kopf der Rivalin entscheiden Körperhaltung und Aussehen für die Einschätzung in furchterregend oder harmlos.
Es wird so lange gefochten, bis die Gegnerin unterliegt. Ist kein Hahn in der Gruppe, übernimmt die oberste Henne auch die Aufgaben des Hahns. Sie sucht Futter für die Gruppe, beginnt zu krähen (was bei älteren Hennen durch einen niedrigeren Östrogenspiegel öfter vorkommt) und versucht sogar, andere Hennen zu decken.

Hühner und Hähne sind nicht gerade zimperlich, wenn es um die Hackordnung geht. Da wird gehackt, getreten und ernsthaft gekämpft.

Balz und Paarung

Wildhühner leben in Gruppen von 16–40 Hühnern und Hähnen. Überzählige Hähne bilden separate Gruppen.
Anders als bei den Haushühnern mit ganzjähiger Balz ist die Balzzeit im April und Oktober. Dann umwirbt der Hahn in festgelegtem Ritual die Henne, trippelt tänzerisch um sie herum, spreizt die Flügel, die Halskrause und die Bürzelfedern, lockt mit Futter, benimmt sich wie der sprichwörtlich verliebte Gockel, bespringt dann den Rücken der sich hinduckenden Henne und huldigt ihr sogar nach

dem Tretakt noch einmal mit einem Balztanz. Der Haushahn vernachlässigt diesen Brauch oder setzt ihn zumindest nur noch sehr sparsam um.
Nach der Balzzeit geht der Wildhahn in eine Teilmauser, das heißt er wechselt seine prachtvollen Federn gegen sein „Schlichtkleid“ und verhält sich scheu. Die Wildhenne legt 2–3 Tage nach dem Tretakt das erste befruchtete Ei. Im 30-Stunden-Takt werden bis zu 8 Eier gelegt, wobei die Befruchtung bis zu 4 Tage vorhält.
Diese Eiablage findet wie die Balz nur 2-mal im Jahr statt.
Als Nest dient der Wildhenne eine einfache Bodenmulde. Jedes Mal, wenn sie ein Ei gelegt hat, was bis zu 2 Stunden dauern kann, schließt sie sich wieder ihrer Herde an. Nach beendeter Eiablage brütet sie 3 Wochen lang ihre Eier aus. Die frisch geschlüpften Küken brauchen wegen der Nährstoffe aus dem Dottersack des Eies, die sie kurz vor dem Schlüpfen noch aufgenommen haben, für mindestens 24 Stunden keine Nahrung.

Winzig, hellwach und wieselflink sind die Eintagsküken.

Kleine Nestflüchter

Als Nestflüchter sind sie 35 Stunden lang in einer angstfreien Prägungsphase, in der sie ihre Umgebung und die Verhaltensweisen der Glucke kennen lernen. Mit den typischen Glucklauten pickt diese Futter auf und lässt es wieder fallen, bis die Küken selbst

Es gibt keine bessere Mutter als die sprichwörtliche „Glucke“.

danach picken. Weichfutter fressen sie der Glucke von der Schnabelseite ab. Sie lernen scharren, Futter zerhacken, Schnabel säubern, trinken und vor allem, wenn die Glucke Gefahr meldet, ganz schnell unter ihr Gefieder zu flüchten. Fremde Küken werden von der Wildhuhnglucke ohne Zögern totgehackt. Mit 5 Wochen sind die Junghühner so gut befiedert, dass sie allein schlafen können. Etwa nach der 8. Woche verliert die Glucke durch Hormonumstellung ihre Mutterinstinkte und hackt vor allem nach den Junghähnchen. Von 100 Küken in der Wildnis erlebt etwa 1/4 ein Alter von 8–10 Wochen, und von diesen wiederum nur ein Viertel, also etwa 6 Tiere, das erste Jahr.

Die „Amrocks" gehören zum Asiatischen Typ ...

Hühnerrassen

Als nächste grundlegende Überlegung stellt sich die Frage nach der Rasse. Große, schwere Hühner verbrauchen viel Futter, sind oft nicht so robust, haben mehr Fettansatz, bringen aber als Brat- oder Suppenhuhn mehr Fleisch in den Topf.
Kleine und mittlere Rassen sind preiswerter in der Haltung und im allgemeinen sehr legefreudig.
Bei Kreuzungen gibt es oft besonders viele brutfreudige Hennen, eine Eigenschaft, die bei reinrassigen Hühnern weggezüchtet wurde, da eine „gluckige" Henne, die 3 Wochen lang Eier ausbrütet und danach die Küken führt, keine Eier legt. Zudem sind Kreuzungen meist sehr robust, bringen bei der Schlachtung aber weniger, dafür angenehm würziges und mageres Fleisch auf den Tisch.

... ebenso die „Autralorps".

Es gibt fünf verschiedene Hauptgruppen bei den Hühnerrassen:
Mittelmeertyp: Italiener, Leghorn, Kastilianer und Minorka.
Nordwesteuropäischer Typ: Brakel, Friesenhühner, Rheinländer, Sperber etc.
Asiatischer Typ: Amrocks, Australorps, Cochin, New Hampshire, Orpington, Plymouth Rocks, Sussex, Wyandotten etc.
Zwergrassen: Bei ihnen unterscheidet man zwischen verzwergten Rassen, z.B. Zwerg-Welsumer, und eigenständigen kleinen Rassen wie dem Seidenhuhn.
Hybridzüchtungen: Während die 4 oben aufgeführten Rassetypen nur beim Züchter zu erhalten sind, handelt es sich bei Hühnern auf dem Markt um Hybridsorten von Geflügelvermehrungsbetrieben. Dabei geht es vorwiegend um Leghorn, die durch aufwändige Kreuzungen in einer Generation Hochleistungen erbringen, deren

Ein Zwerghuhn mit Küken

Check: Überlegungen vor dem Hühnerkauf

- ☐ *Kann man die Nachbarn mit der Aussicht auf frische Eier milde stimmen?*
- ☐ *Was hält die örtliche Baubehörde von einem Hühnerstall? Erlauben es die Vorschriften?*
- ☐ *Haben Sie genügend handwerkliches Geschick, einen winterfesten Stall zu bauen oder wissen Sie jemanden, der Ihnen hilft?*
- ☐ *Wer zieht Ihnen die Zäune im Auslauf?*
- ☐ *Ist schon ein Stall vorhanden, sollte er räumlich von eventueller Schweinehaltung getrennt sein, da die Hühner Krankheitserreger auf die Schweine übertragen können. Hühner übertragen im Auslauf Milben auf Ziegen.*
- ☐ *Im Winterstall sollten Sie 2 Hühner pro Quadratmeter rechnen, lieber etwas mehr – das betrifft die reine Lauffläche nach Abzug von Legenestern etc.*
- ☐ *10 Hühner und ein Hahn benötigen eine Auslauffläche von 150 – 200 qm. Ist der Auslauf nicht mehr ausreichend begrünt, muss der Auslauf gewechselt werden.*

Hähne passen auf ihre Hühner auf.

Nachkommen aber in das Gegenteil umschlagen. Die Leistungshybriden werden darum immer nur für eine Generation, nicht für die Fortpflanzung selektiert. Dies gilt sowohl für Hochleistungseierleger, die in den Legebatterien nach 2 Jahren ausgetauscht werden, als auch für die Mastbetriebe, in denen spezielle Fleischrassen innerhalb von 40 Tagen auf qualvolle Weise schlachtreif gefüttert werden.

Hühner halten

Mit oder ohne Hahn?

Wenn Sie nicht schon Hühner besitzen, überlegen Sie sich vor deren Anschaffung, für welchen Zweck Sie die Tiere halten möchten. Wenn es Ihnen nur um ein paar frisch gelegte, gesunde Eier geht, brauchen Sie keinen Hahn in Ihrer Hühnergruppe.

Vorteile der Hühnerhaltung ohne Hahn sind

1) Keine Geräuschbelastung der Nachbarn durch morgendliches Krähen, was erstaunlich oft zu Streitigkeiten führt.

2) Je kleiner die Hühnergruppe, umso mehr wird der Hahn für die Hühner zum Stressfaktor. Der so genannte Tretakt des Hahnes zerfleddert das Gefieder der Hennen ganz erheblich und lässt die Rangniederen kaum zur Ruhe kommen.

Vorteile der Hühnerhaltung mit Hahn sind

1) Eigene Nachzucht, ohne dass Sie viel dazu beitragen müssen.
2) Der Hahn ist ein ausgezeichneter Beschützer für sein Volk.

Ich selbst habe es schon erlebt, wie der Hahn seine Hühnerschar vor Raubvögeln in Sicherheit brachte, indem er sie aus dem vorläufigen Schutz eines Obstbaumes heraus einzeln zum Schlupfloch im Hühnerstall begleitete, bis alle in Sicherheit waren. Der Habicht zog ab, und der Hahn genoss seinen wohlverdienten Triumph, indem er mit vor Stolz geschwellter Brust und kräftigem Flügelschlagen lauthals krähend dem Feind nachblickte. Ein wahrer Held!

Entscheiden Sie sich für den Hahn, sollte jedoch das Einverständnis der Nachbarn vorliegen. Außerdem sollten es mindestens 6–7 Hühnerdamen im Harem sein.
Zudem muss bedacht werden, wie viel Platz die Hühner im Winterstall haben und ob der Auslauf im Grünen groß genug ist, um im Sommer einen Weidewechsel vornehmen zu können. Auch in Zeiten der Stallpflicht ist es sinnvoll, viel Platz im Stall zu haben.

Tipp

Hackordnung

Wenn Sie sich Hühner mit oder ohne Hahn kaufen, denken Sie bitte an die Hackordnung! Kaufen Sie möglichst alle auf einmal, sonst beginnt bei jedem neuen Huhn der Stress von vorn. Ein junger Hahn im Stimmbruch – nicht zu verkennen! – beeindruckt die Hennen nicht, wird bestenfalls gemobbt und auch später oft nicht anerkannt.

Durch ihr früh morgendliches Krähen werden sie schnell zum Ärgernis.

Der Auslauf

Frisches Grün und etwas Schatten sollten im Auslauf nicht fehlen.

Der ideale Auslauf beträgt für 10 Hühner und einen Hahn 200 m^2, ist mit saftigem Gras bewachsen (säen Sie Wildsamen ein, Rasen hat zu wenig Nährstoffe!), von Büschen und Bäumen – möglichst Obstbäumen zur Verwertung des Fallobstes – bestanden, die den Hühnern Schutz vor Raubvögeln geben und lauschige, schattige Mulden für das Staubbad während der Siesta bieten.

Die Einzäunung ist ganz wichtig. Aus optischen Gründen sollte der Zaun wirklich fachmännisch gezogen werden und am Boden keine Schlupflöcher bieten. Das heißt Füchse und andere Räuber dürfen nicht herein, neugierige Hühner nicht hinaus. Auch ist die Höhe des Zaunes entscheidend. Schwere Rassen heben zwar nicht so leicht vom Boden ab, und bei mittleren Rassen hilft das vorsichtige Stutzen der Schwungfedern an *einem* Flügel. Jedoch – Nachbars Garten oder der eigene haben eine magische Anziehungskraft, und bevor es zu Tobsuchtsanfällen Ihrerseits (oder von Seiten der Nachbarn!) kommt, planen Sie eine Zaunhöhe von mindestens 180–250 cm. Wenn auch Küken und Junghühner in den Auslauf kommen, muss der untere Teil des Zauns mit engmaschigem Kükendraht gesichert werden.

Langfristig ist es sinnvoll, aus optischen, ökologischen und praktischen Gründen den Zaun zu begrünen. Hecken bieten Wind- und Sonnenschutz, und Himbeere, Brombeere, Hagebutte sind auch für den Menschen ein Genuss.
Im Auslauf sollte neben den natürlichen Mulden noch eine weitere Möglichkeit zum Staubbaden gegeben sein. Sie sollte vor Nässe und Sonne mit einem Dach geschützt werden, gefüllt mit einer Mischung aus Sand und Holzasche. Die Hühner brauchen diese Möglichkeit zum Staubbaden, um sich vor Ungeziefer zu schützen.

Der ideale Hühnerstall

Ausreichend Platz und frische Luft

Das Hühnerhaus sollte zum Auslauf hin ein vorgezogenes Dach haben, unter dem die Tiere bei schlechtem Wetter Zuflucht finden können. Sägespäne, Laub oder Tannennadeln kann man hier ausbringen, was den Vorteil hat, das die Tiere scharren können, ohne im Dreck zu sitzen, vorausgesetzt, die Streu wird oft genug gewechselt. Auf dem Kompost ist sie eine wertvolle Bereicherung.
Die Planung des Hühnerstalls ist wichtig, da Fehler, die hierbei gemacht werden, sich verheerend auf die Gesundheit der Tiere auswirken können.

Trockene Erdmulden ermöglichen temperamentvolle Staubbäder.

Auf der gleichen Höhe angebrachte Sitzbretter vermeiden Streit um die besten Schlafplätze.

Das Raumangebot für die Scharrfläche muss pro Huhn mindestens einen halben Quadratmeter betragen. In der Winterzeit oder während einer möglicherweise notwendigen Quarantänehaltung ist es für das Sozialverhalten der Hühner äußerst wichtig, genügend Platz zum Scharren zu haben. Hühner sind Kannibalen und picken rücksichtslos auf ihre Umgebung ein, wenn der Stress zu groß wird.

Frische Luft und Licht sind ebenso wichtig wie genügend Wärme im Winter. Jedoch wird Zugluft nicht vertragen, was bedeutet, dass das Schlupfloch und das Lüftungsfenster auf der gleichen Stallseite liegen sollten. Das Fenster sollte nach außen zu kippen sein und von innen mit Hasendraht verkleidet werden – zum Schutz vor Eindringlingen. Lässt man das Fenster nach innen kippen, sitzen die Hühner ständig darauf und verkoten das Glas in kürzester Zeit. Sie sollten in dem Stall stehen können, um sich die Arbeit beim Ausmisten zu erleichtern. Außerdem wird bei ungenügender Raumhöhe die Luftfeuchtigkeit im Winter zu hoch, und die Tiere werden krank.

Legenester müssen bequem erreichbar, sauber und gut gepolstert sein. Das Brett verhindert, dass die Eier herauskullern.

Sitzstangen und Nester

Die Sitzstangen werden in *gleicher* Höhe im Abstand von 2 Hühnerlängen hintereinander angebracht. Bei verschiedener Höhe der Sitzstangen kommt es zu unnötigen Rangeleien, denn die Ranghohen beanspruchen auch die höher gelegenen Stangen. Die Stangen sind 5 x 5 cm dick, nach vorn abgerundet und rundum glatt gehobelt (Ungeziefer kann so leichter abgeschrubbt werden). Sie werden mit Holzaschelauge behandelt und ab und zu an der Unterseite mit Schmierseife gegen Ungeziefer eingestrichen. Zur 2 x jährlichen Reinigung mit Wasser und Schmierseife müssen die Stangen abnehmbar sein und nach der Reinigung in der Sonne trocknen. Unter den Sitzstangen wird leicht schräg ein Kotbrett befestigt, stabil, aber ebenfalls herausnehmbar. Täglich mit Sägemehl bestreut wird es einmal die Woche abgekehrt. Der Raum unter dem Kotbrett kann mit einem Maschendrahtrahmen für eine Glucke abgetrennt werden. Die Legenester sollten nicht höher als 1 m über dem Boden angebracht werden (je nach Flugtauglichkeit) und mit einem schrägen Dach versehen sein, um Verkotung zu verhindern. Ein Gemeinschaftsnest (1 m x 1 m) funktioniert auch, aber erstens kann es vermehrt zu Knickeiern kommen und zweitens fehlt der Platz an Scharrfläche. Ein Gipsei im Nest regt zur Benutzung an, trotzdem gibt es immer Lieblingsnester, möglicherweise das der Chefin.

Tipp

Geräumiger Hühnerstall

Planen Sie Ihren Hühnerstall lieber zu groß als zu klein. Es gibt immer Situationen, in denen die Hühner im Stall bleiben müssen, beispielsweise im Winter, aber auch bei Seuchen wie der Vogelgrippe, wenn die Stallpflicht verhängt wurde.

Einstreu, Wärmelampen und Futtertröge

Zur weiteren Einrichtung des Stalls gehört unbedingt gute Einstreu. Im Sommer, wenn Auslauf existiert, genügen Sägespäne. Im Winter wird reichlich Stroh oder Heu eingestreut. Je nach Größe des Stalls gibt es ein bis zwei Wärmelampen (Rotlicht), die unbedingt mit einem Drahtgehäuse gesichert sein müssen (Verletzungsgefahr der Hühner).
Futtertröge und ein spezieller Wasserbehälter für Hühner werden auf Backsteine gestellt (wegen der Einstreu und Frostgefahr).
Eine Ecke – mit Brettern abgetrennt – sollte für Küchenabfälle reserviert sein, und natürlich brauchen die Tiere im Winter auch ein Staubbad (Sand und Holzasche). Einmal die Woche wird der Stall gesäubert.

Hühnerstall mit Auslauf

Steinhaus oder Holzhütte

Für das Gebäude selbst empfiehlt sich ein festes Fundament mit Klinkersteinen – Gefälle für Abfluss bedenken, damit die 2 x jährliche Grundreinigung leichter fällt. Ob Sie das Stallgebäude aus Stein oder Holz (mit einer Sandwichisolierung) erstellen, ist eine Kostenfrage.
Das Holz darf nicht mit gesundheitsschädlichen Mitteln imprägniert werden. Mit Holzaschelauge behandelte Häuser (z. B. im Schwarzwald und Allgäu) werden älter als 100 Jahre! Ein Pultdach ist leichter zu bauen als ein Satteldach und kann zur Isolation mit Grassoden eingedeckt werden. Wegen des enormen Gewichts informieren Sie sich bitte über die statischen Voraussetzungen für ein Grasdach.

Info

Was Hühner wirklich brauchen

Im Prinzip brauchen Hühner fünf Komponenten:

1. *Grünfutter, Obst, Gemüse*
2. *Getreide (Weizen, hartes Brot)*
3. *Konzentriertes Eiweißfutter in Form von Würmern, Insekten, Fleischresten oder Milch beziehungsweise Dickmilch*
4. *Mineralien – Kalk und kleinste Steinchen*
5. *Immer frisches, sauberes Wasser*

Hühner füttern

Es gibt Fertigfutter – Legemehl oder Pellets –, dessen Inhaltsstoffe sich aber nicht für Eier und Geflügel mit biologisch-organischem Anspruch eignen.

Frisches Grün und Getreide

Im idealen Auslauf findet sich fast alles, was ein Huhn glücklich macht. Im Winter während der Stallhaltung muss der Mensch erfinderisch werden. Eigentlich können alle kompostierbaren Küchenabfälle verfüttert werden, außerdem sind Fleisch- und Fettreste für Hühner interessant. Wichtig ist, keine Langeweile aufkommen zu lassen – Federfressen, Eierpicken bis hin zu Kannibalismus sind fast immer auf Langeweile und nur selten auf Nährstoffmangel zurückzuführen. Zwiebelsäcke, gefüllt mit Zuckerrüben, Karotten, Kartoffeln, Kohl, an verletzungssicheren Haken in Bodennähe an die Wand gehängt, sorgen für Ablenkung. Körner in der Einstreu befriedigen den Scharrtrieb, und Altbrot am Stück oder klein gebröselt ist auch interessant.

Hier sind wir auch schon bei der zweiten Komponente: Außer Weizen wird Gerste und gequetschter Hafer gefressen, Mais wird eigentlich nur geschrotet aufgepickt, weil die Körner zu groß erscheinen.

Bedenken Sie bitte, dass im konventionellen Anbau Mais ein kompaktes Chemikaliendepot darstellt. Wenn kein Mais aus Bioanbau zu haben ist, verzichten Sie lieber darauf.

Scharren, picken, Würmer fressen – Hühner auf dem Mist.

Für Muschelkalk ist dieser Holztrog gut geeignet.

Eiweiß, Kalk und Futtersteinchen

Eiweißfutter steht während des Sommers im Auslauf frei zur Verfügung, im Winter werden gern Knochen abgepickt. Fett- und Fleischreste führen geradezu in Ekstase, Milch mit gedämpften Kartoffeln und Kleie oder Dickmilch sind ebenfalls sehr beliebt. Ziegenbesitzer können so wunderbar Restmilch verwerten, aber auch Lämmermilchpulver mit heißem Wasser angerührt, darin eingeweichte Brotstückchen, warm, aber nicht heiß serviert, macht Ihre Hühner glücklich.

Molke ist auch nicht zu verachten. Ohne ausreichendes Eiweißfutter wird die Legeleistung zurückgehen.

Brennnesselsamen kann ebenfalls Wunder wirken, zumal er noch viele andere wertvolle Bestandteile hat.

Mineralien und hier in erster Linie Kalk für die Schalenbildung der Eier ist von großer Wichtigkeit. Fehlt Kalk in der Nahrung, werden die Eierschalen brüchig und die Knochen der Hühner demineralisieren.

Erhitzte, zerbröselte Eierschalen und Muschelkalk (bei landwirtschaftlichen Genossenschaften erhältlich) sollten immer in einem separaten Topf angeboten werden. Sand und kleine Steine braucht der Hühnermagen für die Verdauung.

Ohne Wasser kein Leben. Es muss immer in sauberem Zustand zur Verfügung stehen! Nach Möglichkeit sollten Enten keinen Zugang haben, denn sie verschmutzen das Wasser im Nu.

Futter- und Wasserbehälter aus verzinktem Blech sind Holz- (Hygiene) und Plastiktrögen (Halbarkeit) vorzuziehen.

Enten sind kleine Ferkel: Sie verschmutzen die Wasserstelle im Nu.

Nachwuchs

Von einer Glucke ausgebrütete und geführte Küken sind für uns Menschen absolut pflegeleicht. Nur im Winter wird eine extra Heizlampe in ihrem Laufbereich nötig sein. Extra Kükenfutter ist zwar förderlich, aber nicht notwendig. Hart gekochte, zerhackte Eier mit Haferflocken und klein gehacktem Grünzeug dienen am 1. Tag nach dem Schlupf vor allem der Glucke als wohlverdiente Stärkung nach den 3 Wochen Abstinenz. Außerdem zeigt sie den Küken sofort, was fressbar ist. Wichtig ist ein separater Auslauf im Winterstall! Im gemeinsamen Sommerauslauf sollte das Kükenfutter in Schüsseln so unter kleine Bänke aus Backsteinen und darüber gelegten Brettern (mit Steinen beschwert!) gestellt werden, dass zwar die Küken, nicht aber die erwachsenen Hühner davon fressen können. Kleine Kükenwassertränken aus Blumentopfuntersetzern und umgedrehten Blumentöpfen sind wegen der kurzen Beinchen wichtig. Ansonsten übernimmt die Glucke die ganze Aufzucht – vollkommen zuverlässig und mit Hingabe.
Widerstehen Sie der Versuchung, schwachen Küken aus dem Ei zu helfen. Es geht in aller Regel schief. Die Natur ist klüger.

1 *Mamas Gefieder – ein warmer, sicherer Hort und Ausguck zugleich.*

2 *Die Glucke hat ein Entenei ausgebrütet. Dass ihr Kind etwas anders aussieht, stört sie nicht im geringsten.*

Enten

Vor etwa 3000 Jahren begannen Menschen in Asien, Nordamerika und Europa damit, Stockenten zu domestizieren. In Südamerika versuchte man es mit der Moschusente.

Entenrassen

Heute gibt es über 100 verschiedene Entenrassen, die man in vier Gruppen einteilen kann:
1) Legeenten, die bis zu 250 Eier im Jahr legen (auch Laufenten)
2) Zweinutzungsrassen, die viele Eier legen und viel Fleisch haben (Pekingenten)
3) Fleischenten mit bis zu 5 kg Körpergewicht
4) Zwerg- und Zierenten (Hochbrutflugenten)

Moschus- oder Warzenente

Die **Moschus- oder Warzenente** steht den Gänsen näher als den Enten, sowohl von der Abstammung her, als auch im Verhalten. Im Gegensatz zu fast allen anderen Rassen, die ein ausgesprochen schlampiges Brutverhalten haben und sich nur allzu leicht dem „dolce vita" hingeben, brütet die Moschusente sogar 2- bis 3-mal im Jahr (Brutdauer 35 Tage). Folglich bleibt ihr nicht viel Zeit zum Eierlegen. Etwa 40–50 Eier legt eine gute Brüterin.

Moschusente mit Nachwuchs

Laufenten beim Pas de deux

Tipp

Flügel stutzen

Da die Moschusente auch sehr gut fliegen kann, muss einseitig ein Flügel gestutzt werden. Man schneidet die Schwungfedern etwas zurück, sodass das Gleichgewicht beim Fliegen nicht mehr gewährleistet ist.

Die Moschusente braucht viel Auslauf, schwimmt und fliegt gerne. Das Fleisch dieser Ente ist sehr dunkel, saftig und fettarm. Im Gegensatz zu den äußerst schwatzhaften Pekingenten hat die Moschusente eine sehr leise Stimme.

Hochbrutflugente

Sie gehört zu den Zierrassen, brütet auf 2–3 m hohen Bäumen und lockt die Küken vom Erdboden aus, die sich kurzerhand vom Nest herunterplumpsen lassen. Die Küken werden von beiden Eltern aufgezogen. Da sie sich mit der Stockente paaren, wurde diese Entenart teilweise stark mit Hochbrutflugenten vermischt. Die Tiere sollten darum in geschlossenen Volieren gehalten werden.

Haus- und Pekingenten in perfekter Umgebung

Enten halten

Gruppengröße

Enten sind gesellige Tiere. Trotzdem sollten nicht mehr als 20 Tiere in einer Gruppe gehalten werden. Denn da sie sehr schreckhaft und ängstlich sind, kommt es in größeren Pulks leicht zu Panik.

Schwimmgelegenheiten

Als typische Wasservögel brauchen sie dringend sauberes Wasser zur Gefiederpflege, aber auch zum Schwimmen. Das Gewässer sollte jedoch keine Fische enthalten. Zum einen, weil Enten sehr gern Fisch fressen und ihr Fleisch anschließend für den menschlichen Genuss nicht mehr geeignet ist. Außerdem schmecken Enteneier, die sehr delikat sind, dann unangenehm nach Fisch. Zum anderen sollen die Fische auch eine Überlebenschance haben. Wenn es sich um große Fische handelt, wie zum Beispiel Karpfen, können Enten in Karpfenteichen eine gute Symbiose bilden.

Eiersuche

Da Enten gern einen sehr lockeren Lebensstil pflegen, ist es ihnen oft egal, wo sie ihr Ei hinlegen. Es kommt eben, wie es kommt – auch im Matsch. Das kann dazu führen, dass die Eier Typhus- und Paratyphuserreger enthalten. Hält man die Enten während ihrer Hauptlegeperiode (Januar bis März bei den meisten Hausenten) morgens bis 10.00 Uhr im Stall, können sie die Eier dort in der sauberen Einstreu legen. Vorsicht – Enten decken ihre Eier gern zu!

Platzbedürfnisse

Ein Entenpaar braucht ca. 400 m^2 Auslauf und pro Ente etwa 0,5 m^2 Stallfläche – bei täglichem Auslauf. Ohne Auslauf muss natürlich wesentlich mehr Raum zur Verfügung stehen. Im Auslauf muss für schattige Plätze gesorgt werden.

Nach dem Bad widmet sich diese Pekingente hingebungsvoll der Gefiederpflege.

Der Entenstall

Bei der Standortwahl des Stalles muss an die Schreckhaftigkeit der Tiere gedacht werden – Lärm, Licht, Schatten von Personen oder Autos können die Tiere in Angst und Schrecken versetzen.
Der Erpel (Prachtfedern, leise krächzend) kann mit 2–4 Entendamen (unscheinbares Federkleid, laut und hell quakend) ein Abteil in einem Stall beziehen. Das sollte die kleinste Gruppengröße sein. Die Elterntiere werden beringt, damit es bei der Schlachtung der Jungtiere keine Verwechslung gibt.

Nachwuchs

Ein Entennest, das zum Brüten bereitgestellt wird, wird mit Grassoden ausgepolstert und ist etwa 60 x 60 cm groß. Wird dann noch ein Spitzzelt aus Stroh- oder Schilfgarben darüber gestellt und ein paar Gipseier ins Nest gelegt, kann nach einer Eingewöhnungsphase im Winter die Eiablage im Frühjahr beginnen.
Nachdem genügend Eier gelegt wurden – also nach etwa 2 Wochen, in denen der Erpel hin und wieder befruchten muss – beginnt die Brutzeit (s. auch Seite 69 Gänseeier). Es hilft, den Auslauf in dieser Zeit stark zu verkleinern, damit die Ente nicht zu leicht abgelenkt wird. Nach 24–28 Tagen, bei Moschusenten

Das Aufsägen und Sprengen der festen Schale ist harte Arbeit und kann sich über Stunden erstrecken.

(Flugenten) nach 35 Tagen, schlüpfen die Küken. Nach 9–12 Wochen sind die Enten schlachtreif. Ältere Tiere setzen mehr Fett an.
Die Kükenfütterung und Aufzucht sind unproblematisch, wenn die Ente (oder ein Huhn, das Enteneier ausgebrütet hat) die Betreuung übernimmt.
Ansonsten ist natürlich eine Wärmelampe – zumindest nachts – unabdingbar. Drängeln sich zu viele Küken unter einer Lampe zusammen, werden die unteren Tiere einfach erdrückt.

Kükenfutter

Die Küken brauchen für ihren Magen Sand und kleine Steinchen. Hefeflocken und Futterkalk müssen unter das Futter gemischt werden. Brotkrümel, klein gehackte Brennnesseln, Salat und anderes Grünfutter, eventuell hart gekochte, klein gehackte Eier und zerstampfte Eierschalen, Magermilch, eingedickte Milch, Molke und später das beliebte Weichfutter aus geschrotetem, gequollenem Mais, Weizen, Gerste, Weizenkleie, mit Molke oder Milch angesetzt, gedämpfte Kartoffeln oder Topinambur bieten viel Auswahl. Auch unverdorbene Küchenabfälle – ohne Knochen und Gräten – schmecken den Allesfressern. Roggen wird nicht gefressen und nicht angefeuchtetes Getreideschrot kann nur schlecht aufgenommen werden. Die Mutter zeigt den Küken natürlich auch, dass Fallobst und die kleine Wasserlinse, die an seichten Gewässern wächst, schmecken, wie man Grünzeug zupft, Regenwürmer, und wie Schnecken und Insekten gejagt werden.
Im Allgemeinen sind Enten gute Mütter, die ihren Nachwuchs behüten, putzen und wärmen.

Wichtig!

Vorsicht, Weichfutter!

Bei elternlosen Küken ist Weichfutter ein Problem. Sie gurgeln einen Großteil davon ins Trinkwasser, putzen den verklebten Schnabel in ihrem Gefiederflaum, wo der Getreidekleber zusammenpappt und dann samt Flaum von anderen Küken abgefressen wird. Darum in den ersten Tagen, wenn die Küken noch sehr kälteempfindlich sind, lieber auf Weichfutter verzichten und stattdessen Futterhaferflocken verfüttern.

Kükentränken

Ob mit oder ohne Mutter, die Wasserversorgung der kleinen Entenküken ist wichtig. Wenn keine seichte Stelle an einem Fließgewässer zur Verfügung steht, müssen kleine Tränken aufgestellt werden, die einerseits hoch genug stehen, damit die Küken nicht darin herumlaufen können, ihnen es aber andererseits ermöglicht, den Kopf bis über die Augen eintauchen zu können. Ein Stein in der Mitte – oder ein umgestülpter Blumentopf – verhindert, dass die Küken in der Tränke baden, das Wasser herausplantschen und schließlich nicht mehr aus dem Becken hinausklettern können, weil nun der Wasserspiegel zu weit abgesunken ist. Auf diese Weise sind schon unzählige Küken ertrunken. Das Gleiche gilt auch für künstlich angelegte Schwimmbecken.

Wenn einer trinkt, trinken alle.

Es ist auch wichtig, die Tränke möglichst weit vom Futterplatz weg zu stellen, da Enten die Angewohnheit haben, den Schnabel voll Futter zu stopfen, um ihn dann in der nahestehenden Tränke durchzugurgeln. In der freien Natur gründeln die Enten mit ihrem Seihschnabel im Wasser oder im Schlamm nach Fressbarem.
Um die heftigen Folgen dieser Wasserspiele etwas zu begrenzen, hilft es, Sand um die Tränken zu streuen, der natürlich öfter ausgewechselt werden muss. Auf Gitterrosten verletzen sich die Küken leicht, und Sägespäne verstopfen im Nu die Tränken, weil die Tiere sie eintunken.

Manchmal wird die Wasserschale auch als Badewanne missbraucht. Die Küken müssen ihren Pool allerdings auch bei Niedrigwasser verlassen können, sonst ertrinken sie.

Gänse

Neben der gnadenlosen Hackordnung des Hühnervolks und dem losen Haufen lustorientierter Enten gibt es noch die Gänse. Spätestens seit den Beobachtungen des Verhaltensforschers Konrad Lorenz wissen wir von der gefühlsbetonten Einehe der Graugänse, die eingebettet in den Gänseclan sehr nah an die Wunschvorstellungen eines südländischen Sippenzusammenhalts herankommt – oder ihn sogar übertrifft.
Domestizierte Gänse gibt es seit 5000–6000 Jahren. Bei den Griechen Fruchtbarkeitssymbole und bei den Römern Inbegriff der Wachsamkeit haben sie nur noch Überreste des Verhaltens ihrer wilden Vorfahren, aber ihr Aussehen hat sich kaum verändert.

Die Lockengans gehört zu den seltenen Haustierrassen.

Wie Gänse leben

Passende Schwimmgelegenheit Ausgewachsene Gänse sind fast völlig kälteunempfindlich. Wichtig ist viel sauberes Wasser, in dem die Tiere ihr Gefieder reinigen können. Dieses Ritual gehört zum mittäglichen Komfortverhalten. Für die Begattung ist eine Schwimmgelegenheit Voraussetzung.

Gänse-Ehe Bei den Hausgänsen wird die Einehe nicht mehr strikt eingehalten. Meist wird ein Ganter mit 4–5 Gänsen gehalten. Doch kommt es vor, dass auch hier ein Ganter eine Gans bevorzugt, sodass die Eier der anderen Gänse unbefruchtet bleiben.
Alter Hausgänse können über 40 Jahre alt werden. Mit 12–14 Monaten ist der Ganter geschlechtsreif, und mit 280–300 Tagen beginnt die Gans zu legen (20–60 Eier). Bei Hausgänsen mit Legeperioden im Frühjahr und im Herbst ist die Legeleistung zwar höher, aber erstens ist es problematisch, die Herbstgössel aufzuziehen, und zweitens leidet die Legefähigkeit im nächsten Frühjahr darunter.
Da Gänse in starkem Maß trauern, wenn sie ihren Partner beziehungsweise ihre Familie verlieren, ist unbedingt darauf zu achten, dass alle Tiere, außer dem Zuchtstamm, möglichst gleichzeitig geschlachtet werden.

Gänse haben scharfe Augen und gute Ohren. Ihnen fällt es sofort auf, wenn sich etwas in ihrer Umgebung verändert.

Scharfe Sinne

Augen Gänse sind reine Vegetarier, Weide- und Wassertiere, die mit ihren auf Entfernung scharfen Augen und ihrem langen Hals auf offene Weideflächen eingestellt sind. Bewachsene und unübersichtliche Plätze machen sie misstrauisch. Enge, unüberschaubare Wege werden nicht benutzt. Auch Hausgänse registrieren sofort die kleinste Veränderung in ihrer Umgebung und weigern sich zum Beispiel beharrlich, einen Stallgang zu betreten, wenn dort zufällig ein Eimer steht, der am Vortag noch nicht dort gewesen ist.
Orientierungssinn Gänse haben ein ausgezeichnetes Orientierungsvermögen, wissen sehr schnell, wo ihre Weide ist, legen auch größere Strecken allein zurück und finden allabendlich ihren Stall, vor allem wenn dort etwas Hafer – ihr Lieblingsgetreide – auf sie wartet. Steinige Wege sollten den sehr empfindlichen Füßen erspart bleiben. – Auch Hausgänse, besonders leichte Rassen und Jungtiere, fliegen noch gern eine Ehrenrunde, Alttiere und schwere Rassen sind dazu allerdings nicht mehr in der Lage.
Das **Gehör** der Gänse ist fast so gut entwickelt wie das des Waldkauzes.
Geschmackssinn Der Schnabel eignet sich sowohl zum Weiden als auch zur Körner- und Schrotaufnahme sowie zum Beknabbern von Obst, Gemüse und anderen Futterbrocken. Als Nahrung werden zarte, süße Gräser bevorzugt, die zusammen mit reichlich aufgesammelten Magensteinchen in den Kropf wandern.

Gänserassen

Es gibt nur wenige Gänserassen, wobei man eher von verschiedenen Schlägen aus einzelnen Landstrichen Europas reden kann.
Die große **Toulouser Gans** wurde seit dem 14. Jahrhundert hauptsächlich für die heute in Deutschland verbotene Stopflebererzeugung gezüchtet.
Ihr sehr schwerer Knochenbau verursacht ihr große Probleme beim Laufen und bei der Fortpflanzung. Außerdem ist der Futterverbrauch enorm (9–15 kg Körpergewicht).
Aus Ostfriesland kommt die **Emdener Gans,** die zwar etwas leichter als die Toulouser ist, aber trotzdem die gleiche Problematik aufweist.
Die **Pommerngans** mit 5–8 kg hat einen starken Fleischansatz an Brust und Schenkeln. Brut- und Aufzuchttrieb sind gut erhalten, und die Gössel sind relativ wetterunempfindlich. Da die Gans spät im Frühjahr brütet, ist das für die Aufzucht ebenfalls vorteilhaft.
Die **Höckergans** kam etwa im 18. Jahrhundert von Sibirien, China und Japan nach Europa. Ihr Stirnhöcker wächst mit dem Alter. Typisch ist ein graubrauner Aalstrich im Gefieder vom Kopf bis zum Rücken. Sie wiegt 4–6 kg, ist ein gutes Weidetier, brütet zuverlässig, und die Gössel sind sehr wetterunempfindlich. Die Fleischqualität ist hervorragend.
Die **Diepholzer Gans** hat ähnliche Eigenschaften, brütet aber oft schon im Oktober, was zu erheblichen Problemen führen kann.
Die weiße **Lockengans** kommt aus Südosteuropa. Ihr Gefieder ist am Rücken gekräuselt. Wegen der langsamen Befiederung der Gössel wird sie nur von Liebhabern gezüchtet.
Von Geflügelbetrieben werden die so genannten **Landrassen** angeboten. Anfänger sollten es mit 3 Wochen alten Gösseln versuchen, da die Tiere in diesem Alter kaum noch krank werden. Ansonsten gilt auch hier, was zum Thema Hybridrassen im Kapitel Hühner Seite 47 zu lesen ist. Sie sind für die Weiterzucht nicht geeignet, da sie oft unfruchtbar sind.

1 Diese Gans ist eine Mischung aus der schweren Toulouser und der etwas leichteren Graugans.

2 Die Emdener Gans stammt aus Ostfriesland.

3 Die Höckergans zeichnet sich durch den Höcker aus, der im Alter wächst.

Gänse halten

Tipp

Kleine Krachmacher

Gänse artikulieren jede Gefühlsregung – ob Freude oder Empörung – sehr lautstark! Was sagen die Nachbarn dazu? Sprechen Sie vorher mit Ihren Nachbarn.

Die Gänseweide

Ein Zuchtpaar mit Nachwuchs braucht 1500–2000 m² Weidefläche. Auf einen Hektar rechnet man je nach Weidequalität 50 bis maximal 80 Tiere. Die Weide darf nicht zu hoch im Wuchs stehen, sonst wird sie nur zertrampelt. Darum sollte man je nach Jahreszeit entweder den ersten Schnitt abwarten oder die Weide vorher durch Pferde, Kühe oder Schafe abweiden lassen. Die Gänse müssen öfter auf ein anderes Weidestück umgetrieben werden (Wechselweide), sonst verbeißen sie die Grasnarbe und das Gras wächst nicht mehr nach. Mittelhohe Bäume oder Unterstände sind als Schattenspender zum Schutz vor zu großer Hitze notwendig. Des Weiteren muss die Weide hoch eingezäunt sein, damit die Gänse nicht ausbüxen können – eventuell die Schwungfedern eines Flügels kupieren.

Der Gänsestall

Ein vorhandener Schweinekoben lässt sich gut für ein Zuchtpaar umbauen. Die Unterbringung der Gänse mit anderem Geflügel ist nicht sinnvoll, da sie dort die Einstreu im Nu durchnässen und deren Futter fressen, ohne dabei zartfühlend mit den schwächeren Geflügelsorten umzugehen.

Für den Stall rechnet man pro Gans ½ m², wenn Weidegang möglich ist. Ansonsten muss natürlich mehr Fläche zur Verfügung stehen. Von Ausnahmesituationen – wie etwa Quarantäne oder Stallpflicht – abgesehen, ist artgerechte Stallhaltung für Geflügel jedoch grundsätzlich nicht möglich!

Es genügen einfache Holzwände, doch der Stall sollte hoch genug sein, damit man beim Ausmisten aufrecht stehen kann. Ein abgeteiltes Nest – wie bei den Enten mit Grassoden ausgepolstert – 80 x 80 cm – wird in einer Ecke fest installiert. Fenster, im Sommer Drahtgeflechtrahmen, sorgen für genügend Helligkeit und Frischluft. Zugluft wird nicht vertragen. Gänse hassen nasse Einstreu, auf der sie nicht einschlafen können und mit Durchfall reagieren. Wenn Gössel ohne Eltern aufgezogen werden, muss je nach Größe der Tiere eine Wärmelampe für 7–10 Gössel gerechnet werden.

Die Futtertröge der Gänse, ebenso die Tränke, werden im Auslauf platziert. Nur für Gössel muss im Stall Futter und Wasser aufgestellt werden, solange es draußen nass und kalt ist – was ja durchaus auch noch im Mai oder gar Juni der Fall sein kann. Natürlich darf das Futter für die Alttiere nicht erreichbar sein. In dieser Zeit oder während einer Quarantäne werden Drahtkörbe mit frischem Grünzeug aufgehängt, aus dem die Tiere zupfen können. Der Zupftrieb der Gänse muss unbedingt befriedigt werden, da es sonst aus lauter Langeweile zu gesundheitsgefährdendem Auszupfen von Flaum und Federn kommt.

Info

Zufluchtsort Stall

Der Stall ist für Gänse Zufluchtsort für die Nacht, Schutz vor Füchsen, Mardern, Ratten, Katzen, Hunden etc. Schutz vor Unwetter und Hitze sowie Brutplatz und ein geschützter Ort für die Aufzucht der Jungtiere.

Gänse füttern

Gänse versorgen sich normalerweise selbst. Im Winter, wenn die Weide knapp ist, müssen die Zuchttiere zugefüttert werden.

Morgens: *Gedämpfte Kartoffeln oder Topinambur.*

Mittags: *Brennnesseln oder anderes Heu in Hängekörben, frisches Grün und weiches Obst aus Haushaltsabfällen, trockene, schimmelfreie Brotwürfel.*

Abends: *Gerste, Hafer.*

Immer *bereit stehen frisches Wasser, Muschelkalk (Grit), Sand und Steinchen. Einen Monat vor Legebeginn gekeimten Hafer füttern. Werden die Zuchttiere zu fett, Kartoffeln, Getreide und Brot reduzieren. Ab und zu geraspelte Möhren in jeder Lebensphase sind sehr beliebt und gesund.*

Nachwuchs

Eine Gans ist ein guter „Wachhund" und hat schon so manchen in die Flucht geschlagen.

Das Zuchtpaar

Zuchtpaare lässt man schon im Herbst für die Eingewöhnungsphase zusammen. Da jüngere Tiere noch nicht so zuverlässig brüten, sollten die Gänse mindestens 2 Jahre alt sein. Die Zuchttiere werden beringt, damit sie im nächsten Herbst nicht mit den Jungtieren verwechselt werden können. Die meisten Gänse legen ihre Eier zwischen Februar und April.
Außer bei ganz leichten Rassen ist eine Schwimmgelegenheit für das Zuchtpaar wichtig. Schwere Rassen brauchen sogar relativ tiefes Wasser, um sich paaren zu können.

Das Nest

Das ganzjährig im Stall untergebrachte Nest besteht aus Grassoden – mit den Wurzeln nach oben –, darauf kommt reichlich Stroh. Das Nest wird durch einen Holzrahmen (80 x 80 cm) zusammengehalten. Die Grassoden federn das Gewicht der Gans ab, das Stroh hält die Eier sauber und der Rahmen gewährleistet den Halt. Backsteine als Umrandung führen leicht zu Fußverletzungen bei den

Tipp

Durchleuchtete Eier – befruchtet oder nicht?

Am 9. oder 10. Tag nach Brutbeginn wird geschiert, ebenfalls am 20. Bruttag. Zum Schieren durchleuchtet man das Ei mit einer starken Lampe. Damit man selbst nicht geblendet wird, schneidet man in einen großen Karton ein Loch, etwas kleiner als das Ei, legt das Ei darauf und richtet die Lampe von unten gegen das Ei. Der Raum sollte dunkel sein. Später als beim Hühnerei, spätestens aber am 20. Bruttag, erkennt man im befruchteten Ei ein Spinnennetz, in dessen Mitte sich ein leicht bewegender Kreis – der Embryo – befindet. Bei abgestorbenem Keim fehlt das Netz und im unbefruchteten Ei ist gar nichts zu erkennen.

empfindlichen Gänsefüßchen. Der Rahmen muss so gestaltet sein, dass die geschlüpften Gössel nicht aus dem Nest fallen können. Gestalten Sie deshalb einen sanften Übergang.

Die Eier

Das 1. Ei wird mit einem Filzstift beschriftet und im Nest belassen, da es meistens unbefruchtet ist, die Gans aber ein Ei braucht, um nicht das Nest zu wechseln. Die hinzugelegten Eier werden entnommen, mit Bleistift mit Legedatum und Namen der Gans gekennzeichnet – Filzstift, Tinte etc. zieht in die Schale ein –, kühl (10–14°C) bei 75 % Luftfeuchtigkeit gelagert und täglich gewendet. Wenn die Gans immer länger auf dem Nest bleibt und es mit ausgerupften Bauchfedern auspolstert, beginnt die Brütigkeit. Zuerst legt man jetzt die älteren, einen Tag später die restlichen Eier ins Nest. Sie sollten möglichst nicht älter als 14 Tage sein. Man gibt der Gans so viele Eier, wie sie bedecken kann, je nach Größe also 10–15 Stück. Einige Tage vor dem Schlüpfen können Sie sich mit dem Ei unterhalten! Dies gilt übrigens auch für die Enten- und Hühnereier. Anklopfen und Piepen – Sie können natürlich auch „Hallo, hallo“ rufen. Wenn im Ei jemand drin ist, wird zurückgepiept.

Geschlüpfte Küken

Zwischen dem 28. und dem 32. Tag, manchmal noch später, sind die ersten Eier angeknackst.

Info

Prägung

Bei den Gänsen ist es jetzt ganz wichtig, dass die Gössel sich ihre Verwandtschaft **einprägen** *können. Menschen sollten im Hintergrund bleiben, denn wer jetzt in dieser Prägungsphase durch Stimme und Aussehen Kontakt zu den Gösseln aufnimmt, wird sich unauslöschlich einprägen und für alle Zeit Mutter, Zufluchtsort, aber auch Geschlechtspartner sein.*

Bis zu 24 Stunden kann es dann vom ersten Loch in der Schale bis zum Schlupf dauern. Inzwischen bleiben die schon geschlüpften Gössel bei der Mutter.
Kurz nach dem Schlupf sehen die Gössel noch schwach und zerzaust aus, sind aber schon nach wenigen Minuten in der Lage, auf die Lockrufe der Mutter mit den grüßenden Wi-wi-Lauten zu reagieren, wobei der Hals lang vorgestreckt wird.

Nestflüchter

Gössel sind Nestflüchter. Kaum dass die Kleinen laufen können, beginnen sie auch schon mit der Futtersuche. Zwar sind die durch den Dottersack aufgenommenen Nährstoffe ausreichend für die ersten zwei Tage, doch lernen sie in dieser Zeit von den Eltern, was essbar ist. Angeboren sind die Zupfbewegungen, wobei sie alles Erreichbare so heftig mit dem Schnabel packen, dass sie dabei oft das Gleichgewicht verlieren und hinfallen. Nach 3–4 Tagen unternimmt die Familie schon ausgedehnte Wanderungen, möglichst in Teich- oder Bachnähe, denn das Wasser ist Zufluchtsort vor Fressfeinden. Die Küken folgen nun den Eltern bedingungslos überallhin.

Wildgänse, wie diese Kanadagänse, leben in lebenslanger Einehe und passen gut auf ihre Küken auf.

Küken versorgen

Bisher war es nur wichtig, für viel trockene Einstreu zu sorgen, und die Tränke muss so tief sein, dass die Gössel den Kopf bis über die Augen eintauchen können, sonst drohen Augenentzündungen. Aber sie dürfen auch nicht in die Tränke hineintreten können (siehe Entenküken Seite 61).

Alles andere kann man getrost der Gänsemutter überlassen. Hat es auf natürlichem Weg keine oder zu wenig Nachzucht gegeben, sind die Chancen groß, dass die Gänse gekaufte Gössel adoptieren.

Die mutterlose Aufzucht erfordert schon einigen Aufwand. Da es auch im Mai noch sehr kalt werden kann, müssen im Stall genügend Infrarotlampen installiert sein. Je nach Größe der Gössel brauchen Sie eine Lampe für 7–10 Tiere. Stallecken abrunden (Stroh), für trockene Einstreu sorgen, saubere Tränken und Körbe mit Grünfutter für den Zupftrieb aufhängen – sonst haben sich die Gössel im Nu gegenseitig nackt gezupft – und die Tiere vor Zugluft schützen.

Bei sonnigem Wetter dürfen die mutterlosen Gössel in einem windgeschützten Teil des gut bewachsenen Auslaufs – von einem großen Käfig beschützt – das Leben genießen.

So ein Gössel hats nicht leicht. Das fängt schon mit dem Gleichgewicht an.

Menüplan für die Gössel

In der ersten Woche fressen die Gössel noch sehr zögerlich. Es wird so viel Futter gereicht, wie alle Tiere gleichzeitig innerhalb von 15 Minuten fressen können. Für Weichfutter gilt die gleiche Problematik wie bei den Entenküken.

In der ersten Woche wird 6 x täglich, also alle 2 Stunden gefüttert: Gehackte Brennnesseln, Löwenzahn, Spitzwegerich und Ähnliches, Salatreste, weiche Gemüse- und Obstabfälle, Brotwürfelchen, Futterhaferflocken mit Hefeflocken und Futterkalk vermischt und natürlich Sand, kleine Steinchen und Muschelkalk.

2. Woche: 5 x täglich füttern

3. und 4. Woche: 4 x täglich füttern

5. und 6. Woche: 3 x täglich füttern, Grünzeug nicht mehr zerkleinern.

7. Woche: 2 x täglich füttern. Grünfutter nur noch auf der Weide, statt Haferflocken gibt es Hafer und Gerste.

Ab der 10. Woche bei gutem Weidegang etwas Hafer abends als Stallhupferl. Die Zufütterung der Jungtiere, besonders in den ersten Wochen, muss natürlich vor den gierigen Schnäbeln der Eltern geschützt werden.

Geflügelhaltung im Vergleich

Verhalten

	Hühner	Enten	Gänse
Reine Vegetarier			x
Weidetiere	x	x	xx
Insektenvertilger	x	x	
Wassertiere		xx	x
Flugfähig	xo	ox Flugenten xx	ox
Weit überschaubarer Auslauf		x	xx
Bewachsener Auslauf	xx	x	
Gut isolierter Stall	x		
Strenge Rangordnung	X		
Fester Familienverbund			x
Loser Verband		x	
Daunen		x	x
Essbare Eier	x	x	x
Gute Brüterin	xo	o	ox

x = ja, o = eingeschränkt

Flächenbedarf

	Stall (m²)	Auslauf (m²)
Ente	0,5	30–50 + Wasser
Gans	0,5	125–200 + Wasser
10 Hühner + 1 Hahn	6,0 + Stalleinrichtung	150–200
1 Glucke + 10 Küken	5,0 + Stalleinrichtung	50–100 je nach Alter
Entenpaar + Nachzucht	9,0	400 + Wasser
Gänsepaar + Nachzucht	9,0	1000–1500 + Wasser

Fortpflanzung

	Hühner	Enten	Warzenenten	Gänse
Legeperioden	Ganzjährig (nicht während der Mauser, Brut und Aufzucht)	Januar – Juli (Ind. Laufente Herbst–Frühjahr)	Frühjahr, Sommer, Herbst	Februar–Mai, Diepholzer Gans auch Herbst
Mögliche Brütigkeit	April–Oktober	Hauptsächlich Frühjahr, aber auch später	2–3 mal jährlich	Februar–Mai
Beste Brutzeit	April	April und später	April	April
Brutdauer (Tage)	21	24–28	35	28–32
Anzahl Eier pro Brutnest	Bis 15	Bis 15	Bis 15	Bis 15
Verhältnis männlicher zu weiblichen Tiere	1 : 10–20	1 : 3–4	1 : 1	1 : 3–4 Toulouser 1 : 1
Günstiges Fortpflanzungsalter ab	Hahn: 12 Mon. Henne: 24 Mon.	Erpel: 7–8 Mon. Ente: 7–8 Mon.	Wie Enten	Ganter und Gans: 2 Jahre und älter Toulouser: 2 Jahre und älter

Eier- und Fleischleistung

	Hühner	Enten	Gänse
Eier/Jahr	150–260	100–250	30–80
Eigewicht	50–65 g	70–80 g	170–200 g
Legereife	25–28 Wochen	28 Wochen	280–300 Tage
Mastdauer	Hähne und Poularden 10–15 Wochen	9–10 Wochen	11–12 Wochen als Jungmastgans, 7–8 Monate als Martini- oder Weihnachtsgans
Schlachtgewicht	Ab 1,5 kg	2–5 kg	4–15 kg
Mauser	Herbst	Ca. 10 Wochen nach Schlupf, 2 Teilmausern im 3-Wochen-Abstand, Pekingenten alle 8–10 Wochen	ca. 12–13 Wochen nach dem Schlupf, 2 Teilmausern im 3-Wochen-Abstand

Geflügelkrankheiten

Stallhygiene

Es gibt viele Geflügelkrankheiten, die durch unsachgemäße Haltung (zu eng, zu wenig Bewegung, zu unsauber, zu wenig Frischluft, Zugluft, zu feuchte oder zu trockene Luft, falsche Ernährung usw.) gefördert werden. Wer seine Tiere artgerecht hält, wird nur selten Gesundheitsprobleme haben. Leider sind auch oft die Tierärzte überfragt, wenn es um Geflügelkrankheiten geht. Im Zweifelsfall sollte das kranke Tier geschlachtet werden, um es von seinen Qualen zu erlösen. Der Tierkörper wird an ein Untersuchungsamt geschickt, um die genaue Krankheitsursache zu erfahren. Dies ist wichtig, da es Krankheiten gibt, die sich seuchenartig verbreiten und gegen die darum sehr schnell und gezielt vorgegangen werden muss. Kranke Tiere, die nicht geschlachtet, sondern behandelt werden, müssen von den anderen separiert werden.
Zweimal im Jahr sollte der Stall gründlich gereinigt werden, also nach dem (einmal wöchentlich fälligen) Ausmisten Sitzstange, Kotbrett und Nester im Freien mit Schmierseife und Wasser abbürsten und an der Sonne trocknen lassen, Fußboden mit Wasser ausspritzen und schrubben, einmal im Jahr Wände kalken.

Der Sand für das Staubbad wird erneuert, wenn er verschmutzt ist. Holzasche wehrt Ungezieferbefall ab.
Durch die Verwendung der stark alkalischen Schmierseife (pH-Wert 10–12) sind meist keine anderen Desinfektionsmittel notwendig. Auch das Abflammen schwer erreichbarer Ecken mit der Lötlampe hilft.
Etwas Obstessig im Weichfutter oder ein in der Luft zerstäubtes Essigwassergemisch können sehr positiv auf die Gesundung der Atemwege einwirken – vorausgesetzt, es wurde gründlich entmistet. Klein gehackter Knoblauch im immer sauberen Trinkwasser und regelmäßiges Entmisten kann wirkungsvoll Wurmbefall verhindern oder bekämpfen. Im Sommer reichlich Grünfutter, das möglichst viele verschiedene Pflanzenarten enthält, und Keimgetreide im Winter verhindern Vitaminmangel und seine Folgen.

> **Info**
>
> ***pH-Wert testen***
>
> *Viele Krankheiten sind vom pH-Wert der Luft abhängig. Den können Sie mithilfe von Lackmuspapier aus der Apotheke testen. Verfärbt sich das Lackmuspapier in leicht saurer Atmosphäre gelbgrün (pH-Wert 6,5) dann ist der pH-Wert optimal. Ammoniakdämpfe, die aus feuchtem Kot aufsteigen, sorgen für alkalische Stallluft, die Krankheiten fördert. Im alkalischen Bereich färbt sich das Lackmuspapier blau.*

Krankheiten von A–Z

Aspergillose

Anzeichen: Rasselnde Atmung, Durchfall, Mattigkeit bis zum Tod. Vor allem bei Jungtieren. Nach der Schlachtung: Kleine Knoten und eventuell Schimmel in den Eingeweiden.
Ursache: Schimmelpilze in Futter und Einstreu, nicht ansteckend.
Behandlung: Nicht möglich, Ursachen abstellen.

Augenentzündung

Anzeichen: Gerötete, verklebte Augen, Lider geschwollen.
Ursache: Zugluft, Erkältungskrankheiten. Bei jungen Enten und Gänsen sind Trinkgefäße häufig nicht tief genug, damit die Tiere den Kopf eintauchen können.
Behandlung: Ursachen abstellen, Augen des Öfteren mit lauwarmem Kamillen- oder Augentrosttee abwaschen.

Ballengeschwulst

Anzeichen: Lauffläche zwischen den Zehen schwillt an, humpelnder Gang.
Ursache: Fußverletzungen durch scharfkantige Steine, besonders bei schweren Tieren, nicht abgerundete, im Durchmesser zu kleine oder runde Sitzstangen.
Behandlung: Fuß mit Wasser und Schmierseife reinigen, mit Rasiermesser oder Skalpell aufschneiden, schmierige Absonderungen entfernen. Mit Propolis-Tinktur in Wasser verdünnt ausspülen –

am besten mit Gummiklistier. Das Tier abends behandeln, am nächsten Morgen die Wunde noch einmal mit Propolis-Tinktur ausspülen und einen Tag im sauber eingestreuten Stallabteil halten. Bei kleinen Tieren hält es ein Helfer fest. Größere Tiere in einen Sack stecken, nur die Füße bleiben frei. Trotzdem muss das Tier festgehalten werden.

Die Sitzgelegenheiten sollten breit und abgerundet sein, um Ballengeschwulste zu vermeiden.

Bronchitits

> Siehe Erkältungen S. 80

Cholera

> Siehe Durchfallerkrankungen S. 76

Beinbruch und Flügelbruch

Anzeichen: Körperteil hängt schlaff, kann nicht bewegt oder belastet werden.

Behandlung: Schienen, 2–3 Wochen separat halten. Bei schweren Verletzungen ist es besser zu schlachten.

Brustbeinverkrümmung

Anzeichen: Brust ist deformiert.

Ursachen: Rachitis (Verformung zu weicher Knochen) und in Zusammenhang damit manchmal zu frühes Aufbaumen (vor der 7. Woche). Rachitis entsteht durch Vitamin-D_2-Mangel und zu wenig Sonnenlicht während der Aufzucht.

Behandlung: Sonniger Auslauf, vielfältiges Grünfutter, Kalk (Futterkalk oder pasteurisierte Eierschalen), hart gekochtes Ei in der 1. Woche (Cholesterin und Sonnenlicht bauen in der Haut Vitamin D auf). Milchprodukte im Weichfutter (Phosphor) und Knochenmehl (Phosphorsäure) – während der Aufzucht besonders wichtig. Vorsicht mit Vitamin D-Zusätzen im Trinkwasser oder Futter! Überdosierung führt ebenfalls zu Erkrankungen.

Durchfallerkrankungen

Durchfallerkrankungen können verschiedene Ursachen haben. Kotverschmierte Eier weisen auf Durchfallerkrankungen hin: Cholera, einfacher Durchfall, Geflügelpest, rote Kükenruhr, weiße Kükenruhr, Schwarzkopfkrankheit, Tuberkulose, Typhus und Paratyphus, Würmer.

1 a) Cholera, meldepflichtige Seuche!

Tritt manchmal noch bei Wassergeflügel auf.

Anzeichen: *Akut:* Wässriger bis flockiger Durchfall, gelb-grau, teilweise mit Blut vermischt, Mattigkeit, Atemnot, bei Hühnern blauer Kamm, bei Wassergeflügel blauer Schnabel, Tod innerhalb weniger Stunden.

Chronisch: Atemnot und Gelenkschwellungen.

1 b) Läppchenkrankheit

nicht meldepflichtige Form der Cholera.

Anzeichen: Eiternde Kehllappen.

Ursache: Mit Choleramikroorganismen verseuchtes Trinkwasser.

Behandlung: Erkrankte Tiere schlachten und verbrennen.

Vorsorge: Sauberes Wasser, sauberer Stall, bewachsener Auslauf.

2) Durchfall, einfacher

Ursache: Magensteine und Sand wurden nicht bereitgestellt, verdorbenes Futter, Erkältung durch Zugluft, Durchnässung, feuchte Einstreu.

Behandlung: Ursachen abstellen. Medizinische Holzkohle ständig zur freien Aufnahme bereitstellen, Kamillentee statt Trinkwasser bis zur Heilung.

3) Geflügelpest

Meldepflichtige Seuche!

Klassische Geflügelpest, sehr selten.

Atypische Geflügelpest oder Newcastle-Krankheit.

Anzeichen: Grüner Durchfall, Durst, Mattigkeit, Nasenausfluss, Verdrehen des Kopfes, Röcheln.

Ursache: Viren.

Behandlung: Vorbeugend durch den Tierarzt impfen lassen.

4) Kükenruhr, weiße – Pullorum

Anzeichen: Weißer bis grünlicher Durchfall, kotverklebte, weiße Kloake, Piepen beim Koten, aufgetriebener Bauch, Mattigkeit, Frieren.

Ursache: Infektion mit Salmonellen im Eierstock oder beim Brüten (auch im Brutschrank), diese muss aber nicht zum Ausbruch der Krankheit führen. Auslöser können dann zu kalte oder zu warme Aufzuchtställe sein.

Behandlung: Saubere, gut temperierte Ställe, Jungtiere am Anfang separat halten. Bricht die Krankheit innerhalb von zwei Tagen nach dem Kauf aus, dies vom Amtstierarzt bestätigen lassen. Der Zuchtbetrieb muss Ersatz leisten.

Entenküken können im Gegensatz zu den kleinen Hühnchen keine Kokzidiose bekommen.

5) Kükenruhr, rote – Kokzidiose

Es gibt zwei Kokzidiose-Erkrankungsformen:

a) Blinddarmkokzidiose

Anzeichen: Auftreten bis zur 8. Lebenswoche.

Bei Hühnern: Gelbbrauner, später blutiger Durchfall, Mattigkeit, keine Futter- und Wasseraufnahme, plötzlicher Tod oder nach 6 Tagen langsame Besserung.

b) Dünndarmkokzidiose

Anzeichen: Auftreten nach der 8. Lebenswoche.
Bei Hühnern: siehe oben, aber schaumig gelber Durchfall; Abmagerung, Wachstumsstörungen, Todesfälle.
Bei Gänsen tritt die Kokzidiose sehr selten auf, bei Enten gar nicht.
Ursache: Verschiedene Protozoenarten leben im Darm, deren Eier (Oocysten) werden mit dem Kot ausgeschieden und sind bis zu einem Jahr in feuchter, warmer Umgebung lebensfähig. Kapseln der Oocysten platzen nach wenigen Tagen, und die so freigesetzten Erreger werden jetzt – vielfach vermehrt – über den Schnabel wieder aufgenommen.
Behandlung: Sulfonamide durch Tierarzt, sehr gründliche Stallreinigung, zwei Wochen lang alle drei Tage Einstreu erneuern, Auslauf wechseln, alten Auslauf ein Jahr ruhen lassen. Nährstoff- und vitaminreiches Futter. Tiere, die die Krankheit überstanden haben, sind anfangs noch sehr anfällig für andere tödliche Krankheiten, darum für optimale Haltungsbedingungen sorgen.
Die regelmäßige Verabreichung von Antikokzidiosemitteln im Fertigfutter oder Trinkwasser hat bei schlechter Haltung keine Wirkung. Bei guter Haltung ist sie unnötig und führt insgesamt eher zu einer Wirkungslosigkeit der Sulfonamide durch die permanente, niedrige Dosierung. In Ernstfällen helfen diese Medikamente dann auch bei hoher Dosierung durch den Tierarzt nicht mehr. Außerdem besteht die Möglichkeit, dass die Darmflora durch diese Medikamente Abwehrschwächen zeigt.

7) Typhus und Paratyphus

Meldepflichtige Seuche – auf Menschen und Haustiere übertragbar!
Anzeichen: Durchfall, Abmagerung, Kammverfärbung, bei Paratyphus ähnlich der weißen Kükenruhr. Bei Enten und Gänsen kommen Durst, Kopfverdrehen und Lähmungen hinzu.
Ursache: Salmonellen bei unsauberer Haltung und zu wenig Sonnenlicht.
Behandlung: Erkrankte Tiere werden geschlachtet, bei Paratyphus können noch Medikamente des Tierarztes helfen.
Bei Verdacht sofort Veterinärsamt informieren!

8) Tuberkulose

Meldepflichtige Seuche, auf Menschen und Haustiere übertragbar, selten geworden.

Anzeichen: Ähnlich dem Typhus. Nach der Schlachtung: Leber, Milz und Darm haben haselnussgroße, gelbe Flecken.

Ursache: Tuberkelbazillen, Unsauberkeit, zu wenig Sonnenlicht, einseitiges Futter, überbeanspruchter Auslauf, alte Tiere.

Behandlung: Alle Tiere müssen geschlachtet werden. Stall und Auslauf ein Jahr lang nicht benutzen, Stall desinfizieren. TB-Bazillus übersteht + 70 °C, verträgt aber keine Sonneneinstrahlung.

9) Würmer

Haarwürmer, Spulwürmer, Blinddarmwürmer, Bandwürmer

Anzeichen: Durchfall, verkotete Kloakenfedern, struppiges Gefieder, Wachstumsstörungen, Abmagerung, Mattigkeit, Blässe.

Ursache: Starke Anfälligkeit gibt es bei allen Jungtieren, auch beim Menschen. Eine natürliche Abwehr entwickelt sich erst mit der Zeit.

Auch wenn Huhn und Schwein friedlich nebeneinander fressen, sollten sie immer getrennt gehalten werden, da Hühner Krankheitserreger auf Schweine übertragen können.

Jedoch sind feuchte, schmutzige Einstreu und ein überstrapazierter Auslauf ideale Wurmbrutstätten.

Behandlung: Medikamente vom Tierarzt, die die Tiere aber erheblich schwächen. Darum Vorbeugung durch Knoblauch und Zwiebel im Trinkwasser sowie geriebene Mohrrüben.

Luftröhrenwürmer

Anzeichen: Husten, Atemnot.

Ursache: Würmer befallen Luftröhre und Bronchien.

Behandlung: Medikamente vom Tierarzt.

Magenwurmseuche

Anzeichen: Bei jungen Gänsen zwischen 4 und 8 Wochen Würgen und Lähmungen, Tod.

Ursache: Wurmbefall des Magens durch unsaubere Haltung.

Behandlung: Sofort separieren, Tierarzt. Ständig für saubere, trockene Einstreu sorgen.

Bei akutem Kalkmangel vergreift sich das Huhn auch schon mal an seinen Eiern.

Eierfressen

Ursache: Kalkmangel oder Brucheier durch fehlende Nesteinstreu.

Behandlung: Ursachen abstellen.

Eierkuriositäten

Sie kommen gelegentlich vor, sind aber meistens keine Krankheiten.

Doppeldotter, deformierte Eier, übergroße Eier, fehlende Dotter, Ei im Ei und ähnliche Gebilde.

Erkältungskrankheiten

Schnupfen, Bronchitis, Lungenentzündung

Anzeichen: Rasselnde Atemgeräusche, Nasenausfluss, geschwollene Augen, Mattigkeit, Durchfall.

Ursache: Feuchte, kalte, zugige Ställe, feuchte Einstreu, Durchnässung.

Behandlung: Ursachen abstellen, Infrarotlampe, vitaminhaltiges Futter, Tierarzt.

Federfressen

Anzeichen: Federlose Kloakengegend, Bürzel und Bauch, zerfaserte Federn.

Ursache: Langeweile, schlechte Stallluft, Stress durch zu enge Haltung, grelles Licht.

Behandlung: Ursachen abstellen.

Fließeier

Eventuell Salpingitis

Anzeichen: Eier ohne oder mit mangelhafter Schale, verschmutztes Bauch- und Kloakengefieder.

Ursache: Kalk-, Wassermangel, zu starke Eiproduktion oder Salpingitis: Eileitererkrankung durch Salmonellen, Bakterien oder Würmer.

Behandlung: Muschelkalk, Wasser, erzwungene Legepause durch eiweißarmes Futter zur Erholung. Bei Salpingitis meist nicht möglich, darum Schlachtung.

Kammgrind

Anzeichen: Mehliger Belag auf dem Kopfgehänge.

Ursache: Fadenpilz in unsauberen Ställen.

Behandlung: Verbesserte Haltungsbedingungen, befallene Stellen dick mit Schmierseife bestreichen, mehrere Tage hintereinander wiederholen, bis Grind problemlos abgehoben werden kann, mit Kamillentee abwaschen.

Kannibalismus und Zehenpicken

Anzeichen: Tiere picken sich gegenseitig die Kloaken und Zehen blutig.

Ursache: Langeweile, zu enge Haltung, zu wenig Legenester, zu wenig Einstreu.

Behandlung: Ursachen abstellen, verletzte und besonders aggressive Tiere separieren, Zehenverletzungen mit Holzteer bestreichen.

Kropfverstopfung

Anzeichen: Dicker Kropf.

Ursache: Fremdkörper.

Behandlung: Entweder Kropfschnitt durch den Tierarzt oder schlachten.

Legenot

Anzeichen: Besonders bei jungen Hühnern kommt es vor, dass sie ein Ei nicht herauspressen können

Ursache: Zu große Eier, Erkrankungen des Eierstocks.

Behandlung: Kloake einölen. Ei vorsichtig einstechen, zerkleinern und entfernen. Kommt es öfter vor: Schlachten, da höchstwahrscheinlich unheilbare Eierstockerkrankung.

Federlinge

> Siehe Ungezieferbefall S. 83

Flöhe

> Siehe Ungezieferbefall S. 83

Kokzidiose

> Siehe Durchfallerkrankungen S. 76

Kükenruhr

> Siehe Durchfallerkrankungen S. 76

Lungenentzündung

> Siehe Erkältungskrankheiten S. 80

Manchmal kommt es vor, dass Hennen Legeschwierigkeiten haben.

Magenwurmseuche
> Siehe Würmer/Durchfallerkrankungen S. 79
Milben
> Siehe Ungezieferbefall S. 83
Paratyphus
> Siehe Durchfallerkrankungen S. 78
Pullorum
> Siehe Durchfallerkrankungen S. 77
Rachitis
> Siehe Brustbeinverkrümmung S. 76

Wenn sich das Geflügel ständig putzt, kann das ein Anzeichen von Flohbefall sein.

Leukose

Anzeichen: Abmagerung, Blässe, geringe Legetätigkeit.
Ursache: Viruserkrankung der Leber.
Behandlung: Tier schlachten. Wenn Leber vergrößert und von weißen Knoten befallen, einschicken zum Leukosetest. Eiweißfutter reduzieren.

Marek'sche Lähme

Anzeichen: Hinken, die Flügel hängen nach unten, die Tiere sterben mit einem Fuß nach vorn und einem nach hinten abgespreizt.
Ursache: Virus, der Gehirn und Nerven der Hühner befällt.
Behandlung: Auf Impfung der Eintagsküken vom Geflügelzuchtbetrieb bestehen. Ab der 16. Woche erkranken die Hühner nicht mehr. Nicht geimpfte Küken darum solange separat von den Alttieren halten.
Hybridhühner wie Fleischpoularden-Küken sind dafür sehr anfällig. Wer ungeimpfte Küken kauft, hat oft sehr hohe Verluste.

Mauser

Der alljährliche Federwechsel ist ein normaler und wichtiger Vorgang. Ausnahmen sind die Halsmauser beziehungsweise Erschöpfungsmauser von zu schnell mit Eiweißfutter „getriebenen" Junghennen.

Ungezieferbefall

1) Federlinge

Anzeichen: Struppiges, löchriges Gefieder, kleine Eierklumpen dieser 13 mm großen, braunen Kerbtiere im Kloaken-, Kopf- und Bauchgefieder sowie unter den Flügeln, Rückgang der Legetätigkeit.
Ursache: Unzureichende Staubbademöglichkeit ohne Holzaschebeimischung, unsaubere Ställe.
Behandlung: Ursachen abstellen, Einpudern mit Insektenpulver vom Tierarzt. Vorsicht – Wartezeiten für Eier einhalten!
Bei der Stallreinigung die Unterseite der Sitzstangen nicht vergessen!

2) Flöhe

Anzeichen: Unruhe, ständiges Putzen.
Ursache und Behandlung: Wie bei Vogelmilben.

3) Milben

a) Kalkbeinmilben

Anzeichen: Dicke Krusten an den Läufen.
Ursache: Milben in schmutzigen Ställen. Ansteckend!
Behandlung: Ursachen abstellen, Unterseite der Sitzstangen nicht vergessen! Mit Schmierseife behandeln wie beim Kammgrind.

b) Vogelmilben

Anzeichen: Federnausfall, glanzlos, Abmagerung, blasse Kämme, geringe Legetätigkeit.
Ursache: Siehe oben.
Behandlung: Gründliche Stallreinigung. Unterseiten der Sitzstangen mit der Lötlampe abflammen, einpudern mit Insektenmittel vom Tierarzt. Wartezeiten der Eier beachten!

4) Zecken

Anzeichen, Ursache und Behandlung: wie bei den Vogelmilben.

Salpingitis
> Siehe Fließeier S. 81
Tuberkulose
> Siehe Durchfallerkrankungen S. 79
Typhus
> Siehe Durchfallerkrankungen S. 78
Zehenpicken
> Siehe Kannibalismus S. 81

Info

Übertragungswege

Die Übertragungsmöglichkeiten der Vogelgrippe sind:

- *Kontakt mit dem lebenden oder toten Tier*
- *Kontakt mit infiziertem Kot und/oder Speichel des Tieres*
- *Durch verunreinigtes Wasser, Futter oder Erde, die mit dem Erreger kontaminiert ist*
- *Durch Federn infizierter Tiere*
- *Durch Verzehr von rohen Eiern oder rohem bis nicht vollständig durchgegartem Fleisch erkrankter Tiere*
- *Eine Ansteckung von Mensch zu Mensch ist nicht möglich. Dazu müsste sich der Virus genetisch verändern.*

Info

Meldepflichtige Seuche

Da es sich bei der Geflügelpest/Vogelgrippe um eine meldepflichtige Seuche handelt, muss bei Verdacht sofort das zuständige Veterinäramt benachrichtigt werden.

Für weitere Informationen steht das Bundesministerium für Ernährung, Landwirtschaft und Verbraucherschutz zur Verfügung.

Telefon (Stand Februar 2006): 01888-5294601-09

„Vogelgrippe“

Die „klassische Geflügelpest“ ist der ursprüngliche Begriff für die Vogelgrippe. Der verantwortliche Grippevirus Typ HPAI H5N1 entsteht aus verschiedenen Subtypen wie z.B. H5 und H7. Diese Subtypen treten oft bei wilden Wasservögeln auf, ohne erkennbare Symptome zu verursachen.

Besonders in Haushühnern entwickeln sich – möglicherweise daraus – das für Geflügel und Schweine gefährliche H5N1-Virus, an dem sich wiederum Wildvögel und Menschen anstecken können. Bei der „Asiatischen Grippe“ (1957) und der „Hongkong-Grippe“ (1968) ist eine Vermischung von Vogelgrippe- und menschlichen Grippeviren zu einem neuen Virus belegt.

In solchen Situationen verbreitet sich das neue Grippevirus unter den Menschen sehr effektiv durch Tröpfcheninfektion, und eine Verbreitung durch Tiere fällt dann nicht mehr ins Gewicht.

Das Virus der Vogelgrippe und seine Vorstufen überleben am besten bei Tagesdurchschnittstemperaturen unter 20° C und in feuchter Umgebung. In freien Ausläufen tötet die normale UV-Strahlung die Erreger innerhalb von 40–60 Tagen ab. Dies geschieht umso schneller, je wärmer und trockener es ist.

Eine Grippeepidemie, egal mit welchem Erreger, hat immer den gleichen steil ansteigenden Ansteckungsverlauf, der sich durch Resistenzbildung im Immunsystem der Lebewesen langsam abschwächt. Wie bei einer Impfung werden die Erreger bei neuerlicher Infektion erkannt und eine Erkrankung findet nicht mehr oder nur sehr abgeschwächt statt.

Symptome der Geflügelpest/Vogelgrippe bei Geflügel:
Plötzlicher Tod, Gleichgewichtsstörungen, Durchfall, Schwellungen und purpurrote Verfärbungen an Kopf, Augenlidern, Kamm, Kehllappen, Sprunggelenken, Naseneiterungen, Husten, Schnupfen, abnehmende Legeleistung, brüchige Eier, Appetit- und Energieverlust.

Ob es sich wirklich um Geflügelpest handelt, oder eine harmlose Infektion vorliegt, kann nur der Tierarzt beziehungsweise das Veterinäramt feststellen.

Symptome beim Menschen:
2–14 Tage nach der Infektion typische Grippesymptome, Augen- und Lungenentzündung. Bei Verdacht unbedingt Arzt oder Krankenhaus telefonisch informieren und Anweisungen abwarten.

Seit März 2003 gibt es eine Tierverkehrsordnung, die im Rahmen des Seuchenschutzgesetzes alle Halter von Hühnern, Enten, Gänsen, Fasanen, Perlhühnern, Rehhühnern, Tauben, Truthähnen und Wachteln verpflichtet, ihre Tiere bei der zuständigen Behörde (Veterinäramt) zu melden, unabhängig davon, wie viele Tiere man besitzt.
Die Geflügelpestverordnung vom November 2004 geht darin noch einmal ins Detail, auch was eventuelle Schutzkleidung betrifft.

Noch mehr Infos

Als PDF zum Download:

Infoblatt für Geflügelhalter des FLI (Friedrich-Löffler-Institut) vom 29. 8. 2005
© Bundesministerium für Ernährung, Landwirtschaft und Verbraucherschutz

Zehenverkrümmung

Ursache: Bei Küken Brutfehler, Ernährungsfehler (siehe Brustbeinverkrümmung, Rachitis Seite 76), bei älteren Tieren eventuell durch Käfighaltung verursacht.
Behandlung: Küken Vitamin-D-reich füttern (siehe Brustbeinverkrümmung/Rachitis), älteren Tieren viel Auslauf gewähren. Wenn sich die Anzeichen nicht nach 1–2 Wochen bessern und die Tiere gehbehindert sind, müssen sie geschlachtet werden.

Unter den Wildvögeln sind Wasservögel wie Enten, Gänse und Schwäne am ehsten von der Vogelgrippe betroffen.

Verwertung von Geflügel

Eier

Zum Eigengebrauch eignen sich sowohl Hühner- als auch Enten- und Gänseeier.

Natürlich ist bei allen 3 Sorten darauf zu achten, dass die Eier nicht im Schlamm gelegt oder verkotet werden. Da die Eierschale porös und damit atmungsaktiv und durchlässig für Feuchtigkeit ist, muss auf Sauberkeit geachtet werden.

Die Eioberfläche ist mit einer natürlichen, schützenden Fettschicht umgeben. Sie verlängert die Haltbarkeit und behindert das Eindringen schädlicher Keime in das Ei. Für die Lagerung im eigenen Haushalt, wie auch für den Verkauf oder bei der Verwendung für die Brut gilt:

Leichte Verschmutzungen werden abgerieben oder ganz vorsichtig abgewaschen und das Ei wird danach trocken getupft. Starke Verschmutzungen durch Kot deuten auf eine Durchfallerkrankung hin. Die Ursachen müssen abgestellt werden.

Die Eier bei 10–14° C, 75 % Luftfeuchtigkeit und geruchsneutral lagern.

Tipp

Frische oder alte Eier?

Die Frische der Eier kann durch den Schwimmtest festgestellt werden. Legt man die Eier in eine Schüssel mit Wasser, bleiben die frischen Eier am Boden liegen, die älteren Eier, die nur noch zum Backen geeignet sind, haben Auftrieb. Das liegt an der Luftblase am stumpfen Ende des Eies, die mit zunehmendem Alter größer wird. Ein Nadelpikser vor dem Kochen verhindert so die Ausdehnung der Luft im Ei und damit das Platzen beim Erhitzen.
Sehr frische hart gekochte Eier lassen sich trotz „Abschreckens" mit kaltem Wasser nur ganz schwer pellen. Auch beim wachsweich gekochten Ei zeigt sich die Frische durch bröseliges Eiweiß.

Enteneier sind meist etwas größer als Hühnereier, oft von leicht grünlicher oder bläulicher Farbe, die Schale ist dicker, sie haben einen höheren Nährstoffgehalt und einen intensiveren, aber angenehmen Geschmack.
Gänseeier sind viel größer, haben eine sehr feste Schale und eignen sich gut zum Backen.
Zum Verkauf bieten sich Hühner- und Enteneier an.

Eier zum Bebrüten

Für die Brut müssen die Eier genau aussortiert werden.
Für alle drei Sorten gilt:
Die Eierproduzentinnen sollten etwa 2 Jahre alt sein.
Die Eigröße der jeweiligen Sorte sollte dem Durchschnitt entsprechen. Anomalien wie Doppeldottereier sind unbefruchtet.
Die Eischale muss glatt, ohne Rillen und Sprenkel, gleichmäßig dick und auf keinen Fall zu dünn sein. Weder angeknickte noch unterschiedlich im Ei gefärbte Schalen eignen sich.
Das Alter der Bruteier sollte bei Brutbeginn nicht mehr als 14 Tage betragen, damit die Vitalität des Keims und die Qualität der Nährstoffe optimal sind.
Die zu bebrütenden Eier werden mit Bleistift gekennzeichnet mit Datum, Name des Tieres und „oben" und „unten". Die Eier werden täglich einmal um die Hälfte der Längsachse gedreht. Das verhindert das Festkleben der Eihäute an der Schale.

Eier zum Bebrüten werden vorher mit Bleistift gekennzeichnet.

Bei 10–14° C, ca. 75 % Luftfeuchtigkeit lagern. Um das Eiinnere während des Brütens zu überprüfen, werden die Eier „geschiert" (Siehe Kapitel Gänse Seite 69).

Geflügel schlachten

Tiere zu schlachten ist keine angenehme Arbeit. Besonders für jemand, der es das erste Mal tut, wird die Überwindung groß sein. Doch wer in biologischen Kreisläufen denkt und lebt, wird lieber die Verantwortung für ein selbst aufgezogenes Tier und dessen Schlachtung übernehmen, als sich im Supermarkt ein „Neutrum" zu kaufen, an dessen Lebensform und Schlachtung er auf den ersten Blick völlig unbeteiligt zu sein scheint.
Am besten ist es für den Anfänger, wenn er sich beim ersten Mal von einem erfahrenen Nachbarn oder Bekannten helfen lässt. Natürlich werden nur ganz gesunde Tiere für den Verzehr geschlachtet.

Die Moschus- oder Warzenente ist wegen ihres dunklen, saftigen und fettarmen Fleisches sehr beliebt.

Nicht während der Mauser

Nach Möglichkeit sollte man es so einrichten, dass die Tiere zum Zeitpunkt des Schlachtens und Rupfens nicht gerade in der Mauser sind, da die Haut sonst von unzähligen Stoppeln übersät sein wird. Hühner mausern meist im Herbst, Gänse und Enten im Abstand von 3 Wochen zuerst die Schwanz- und kleinen Deckfedern, danach die Schwungfedern. Wenn überall Federn im Auslauf herumliegen und die mittleren Schwanzfedern ausfallen, bedeutet das den Anfang der Mauser. Enten mausern etwa in der 10. Lebenswoche, Pekingenten danach alle 8–10 Wochen. Wiegen sie zu diesem Zeitpunkt bereits 2–2,5 kg, sollte man sie vor der Mauser schlachten. Nach dem Mauserbeginn muss man ungefähr 7 Wochen warten, bis die Tiere wieder gerupft werden können.

Gänse mausern in der 12. Lebenswoche zum ersten Mal. Danach muss ebenfalls etwa 7 Wochen gewartet werden, bis die Federn ausgereift sind. Wenn Sie einem lebenden Tier eine Feder auszupfen und der Kiel noch blutig ist, ist es noch zu früh. Man kann die Federn dann nämlich nicht für Kissenfüllungen verwenden, da sich in den blutigen Kielen mit hoher Wahrscheinlichkeit Fäulnis bildet oder Ungeziefer ansiedelt.

Die Mauser wird durch Schilddrüsenhormone beeinflusst, wodurch sich auch die Geschlechtsorgane zurückbilden. Das Huhn legt in dieser Zeit keine Eier, der Hahn verliert sein Imponiergehabe, und als äußeres Zeichen schrumpfen die Kämme. Da die Mauser viel Kraft und Nährstoffe fordert, ist es sinnvoll, dass in dieser Zeit die Legeleistung zurückgeht. Aber nach dieser Regenerationsphase geht es den Tieren wieder umso besser.

In der gleichen Federanlage – auch Papille genannt –, die das Flaumhaar hervorbringt, sitzt auch schon die Feder, die das Flaumhaar beim Wachsen vor sich herschiebt. Je nach vererbter Schnelligkeit der Befiederung erkennt man schon wenige Stunden nach dem Schlupf, wie die ersten echten Federn am Schwanz und an den Flügeln hervorbrechen.

Während der Mauser – also dem Federwechsel – wächst in der Federpapille eine neue Feder nach und schiebt die alte vor sich her, bis sie ausfällt. Die jungen Federn wachsen noch eine Weile und sind darum am Kiel wegen des Nährstofftransportes durchblutet, sodass eine unreife Feder beim Rupfen noch blutet. Die Federschäfte bleiben beim Rupfen in der Haut stecken und unzählige dieser Röhrchen bedecken dann die Haut. Man kann sie nur mühsam mit der Pinzette entfernen.

Info

Kükenstaub

Wenn das Küken schlüpft, ist sein Flaum – auch Dunen genannt – noch von den Hornscheiden umhüllt, die kurz nach dem Schlüpfen eintrocknen und als so genannter „Kükenstaub" abfallen.

Mit ihrem Flaum sehen Hühner- und Entenküken aus wie kleine Wattebällchen.

Enten und Gänse sollten noch am Tag, bevor sie geschlachtet werden, baden dürfen, damit das Gefieder sauber ist.

Der Ablauf

1) Bei Gänsen und Enten wird am Tag vor der Schlachtung darauf geachtet, dass sie sich das Gefieder mit reichlich Wasser säubern können. Am Abend wird – wie jeden Tag – sauberes Stroh auf der Einstreu verteilt, damit das Gefieder sauber bleibt.

2) Oft wird gefordert, dass die Tiere ca. 24 Stunden vorher nichts mehr zu fressen bekommen sollen. Bei Weidetieren wie dem Geflügel würde das aber Stallhaltung bedeuten. Das Weichfutter am Morgen vor dem Schlachttag sollte weggelassen werden, aber ein paar Körner am Abend schaden nicht.

Man verordnete früher diesen Fastentag, da die Tiere ungeköpft und ungerupft, also meistens auch nicht ausgenommen, auf den Markt gebracht wurden. Da das Futter im Kropf und in den Därmen schnell zu säuern anfing und das Fleisch verdarb, wurde den Tieren einen Tag vorher nichts mehr zu fressen gegeben. Bei größeren Tieren, die auch eine Harnblase haben und wo – wie bei Schweinen – die Därme fürs Wursten gereinigt werden müssen, ist der Fastentag vor dem Schlachten schon sehr erleichternd, doch wie gesagt, heute ist es bei unserem Geflügel nicht mehr notwendig.

3) Am Abend werden, wenn es um mehrere Schlachttiere geht, die Fenster mit Säcken und Ähnlichem verdunkelt, damit die Tiere am Morgen des Schlachttages noch schläfrig sind. Enten und Gänse müssen unbedingt möglichst rasch hintereinander geschlachtet werden, weil die Tiere stark trauern. Da die Zuchttiere rechtzeitig vorher beringt werden, kann es keine Verwechslungen geben.

4) Zu schlachtende Tiere werden möglichst im Dunkeln aus dem Stall geholt – mit langsamen, ruhigen Bewegungen und beruhigender Stimme. Geht es nur um ganz spezielle Tiere, sollte schon am Vortag durch eine Stallunterteilung dafür gesorgt werden, dass die Tiere leicht zu greifen sind und keine wilde Jagd veranstaltet werden muss. Auch wenn mehrere Tiere geschlachtet werden sollen, muss der Stall so abgeteilt werden, dass beim Ergreifen der Tiere keine Panik ausbricht. In Angst versetzte Tiere bluten nur schwer aus und lassen sich noch schwerer rupfen. Die Fleischqualität ist dann in jeder Hinsicht minderwertig. Ein Kescher, wie er beim Angeln benutzt wird, leistet gute Dienste.

5) Das Tier wird – mit beiden Händen vom Hals über die Flügel streichend – so gepackt, dass es nicht mit den Flügeln schlagen kann, hochgehoben, mit der Linken werden die Füße umfasst, der Geflügelkopf verschwindet in der linken Ellbogenbeuge.
Vorsicht: Gänse und Flugenten können mit dem Schnabel kräftig zupacken. Darum feste Kleidung und Handschuhe tragen, den Geflügelschnabel nicht in Gesichtsnähe kommen lassen. So wird das Tier ohne hastige Bewegungen zum Hackklotz transportiert.

Check: Schlachtutensilien

- ☐ *Abwaschbare Schürze aus Wachstuch und Gummistiefel*
- ☐ *Hackklotz, etwa hüfthoch*
- ☐ *Hartholzstock, etwa Unterarmlänge*
- ☐ *Sehr scharfes Beil oder Axt*
- ☐ *Sauberer Eimer oder große Schüssel*
- ☐ *Sägespäne*
- ☐ *In etwa 10 cm breite Streifen geschnittene Geschirrhandtücher oder Leinenstoff*

6) Die Linke hält die Füße, mit der Rechten (vorausgesetzt, man ist Rechtshänder) legt man Brust und Bauch des Tieres auf den Hackklotz, dann schlägt man mit dem Hartholz kurz und fest auf den Hinterkopf des Tieres, damit es betäubt ist. Jetzt sofort das Beil nehmen und mit einem kräftigen Hieb direkt unterhalb des Kopfes den Hals durchtrennen. Wenn es nicht gleich geklappt hat, sofort noch einmal zuschlagen. Während der ganzen Zeit hält die Linke immer noch die Füße des Tieres fest umklammert.

7) Danach den Tierkörper über einen Eimer oder eine Schüssel halten. Nach 2–3 Sekunden beginnen die starken Reflexbewegungen des Körpers. Bei schweren Geflügelarten braucht man viel Kraft, um sie zu halten. Besonders beim ersten Mal ist es ein gespenstischer Anblick, wenn sich die kopflosen Körper heftig bewegen, aber man sollte dann versuchen sich klar zu machen, dass die Bewegungen das Blut aus dem Körper pumpen. Da sich auch der Hals hin und her bewegt, sollte man ihn mit der Rechten über den Eimer halten. Um den Eimer und den Hackklotz hat man schon vorher Sägespäne gestreut, die die Blutspritzer aufsaugen und später auf den Kompost wandern.

8) Wer „Schwarzsauer" machen möchte (in Schmalz geröstete Zwiebeln, Pfeffer, Salz, Essig, Muskat zusammen mit dem Gänseblut auf dem Herd langsam unter Rühren erhitzen), muss das in den Behälter fließende Blut jetzt ständig und schnell mit dem Kochlöffel umrühren, bis es auf Raumtemperatur abgekühlt ist, sonst wird es gerinnen. Dies macht aber am besten eine zweite Person, da das Halten des zuckenden Körpers anstrengend genug sein kann. Auch als Hühner- oder Entenfutter mit Kleie vermischt kann man das Blut noch gut verwenden.

9) Wenn die Bewegungen des geschlachteten Tieres aufhören, nimmt man einen der zurechtgeschnittenen Stoffstreifen und bindet ihn um den Halsstumpf, damit die Federn beim Rupfen nicht mit Blut beschmiert werden.

10) Zum Rupfen wird das Tier am besten mit den Beinen an zwei Fleischerhaken aufgehängt.

Enten sind schwerer zu rupfen als Hühner.

Richtig rupfen

Vorbereitungen

Nehmen Sie sich für das erste Mal nicht zu viel vor – eine Gans oder Ente genügen. Am Anfang kann das zusammen mit dem anschließenden Ausnehmen gut zwei Stunden dauern. Nicht im Haus rupfen – es sei denn, Sie rupfen ein Huhn, das im Vergleich zur Ente und Gans sehr wenig Federn hat.
Ein alter Stuhl, drei Wannen, eine Gummischürze, ein Kopftuch und alte Kleidung werden zum Rupfen benötigt – man macht es am besten an einem windstillen, sonnigen Tag draußen oder in einem hellen Scheunen- oder Stallabteil. Das Tier wird sofort nach dem Schlachten gerupft. Je mehr es auskühlt, desto anstrengender wird die Arbeit.
Wer die Federn von Enten und Gänsen nicht verwerten will, kann die Tiere in ein Becken mit heißem Wasser tauchen, weil das Rupfen danach leichter von der Hand geht. Hühnerfedern werden zwar in den seltensten Fällen in die Kissen wandern, und darum kann auch das Huhn „getunkt" werden, aber beim Huhn ist das Rupfen ohnehin keine Schwerstarbeit.
Gänse oder Enten, deren Federn verwertet werden, können auch eine Weile über heißen Wasserdampf gehalten werden, oder sie werden mit dem Bügeleisen „gedämpft", also mit einem feuchten Tuch über den Federn gebügelt. Da aber in beiden Fällen die Federn recht nass werden, möchte ich davon abraten, denn es dauert lange, bis sie, ohne zu faulen, getrocknet sind. Wer trotzdem darauf besteht, sollte die Federn anschließend locker in kleine Baumwoll- oder Leinenbeutel füllen und im Backofen bei öfterem Durchschütteln und Wenden trocknen lassen. (bei 50–100 °C).
Wenn die Ente oder Gans gebügelt wird – Vorsicht auf der Bauchseite, damit Leber und Därme nicht gequetscht werden!
Wenn es nicht nur um das Rupfen eines Huhnes geht, ist die anfangs aufgezählte Schutzkleidung notwendig, da man durch unzählige Daunen anschließend wie ein Schneemann aussieht.
Entweder legt man sich jetzt das Tier auf den Schoß und fängt zu rupfen an, oder man hängt es an den Füßen auf (Schnur oder Fleischerhaken).
Letzteres hat den Vorteil, dass der Schlachtkörper nicht vom Schoß fallen kann und dass sich die Schwungfedern leichter entfernen lassen. Man hat auch mehr Kraft und der Rücken ermüdet nicht so leicht.

Check

Was man zum Rupfen braucht

- ☐ *Große Schürze*
- ☐ *Kopftuch oder Kappe*
- ☐ *Mehrere Wannen*
- ☐ *Alte Kissenbezüge*
- ☐ *1 Eimer heißes Wasser*
- ☐ *1 großen, alten Kochtopf mit Rupfwachs*

Und los geht's

Zuerst werden die großen Federn ausgerissen. Dabei wird man meist gegen die Wuchsrichtung (nicht mit der Wuchsrichtung) rupfen müssen, da diese Federn sehr fest sitzen. Dann werden zuerst die Körperteile grob gerupft, die am schnellsten erkalten, also Flügel, Beine, Hals und Bürzel. Alle großen Federn kommen in einen separaten Korb, und zwar unbedingt noch während des Rupfens, denn nachher ist ein gründliches Aussortieren von Hand fast nicht mehr möglich. In den zweiten Korb kommen die Halbdaunen, also saubere Federn mit relativ langem, aber dünnem, weichem Kiel.
In den dritten Korb werden die Daunen gefüllt.
Bis eine Gans oder Ente vollständig sauber gerupft ist – viel Kraft in den Fingern gehört dazu –, vergeht schon eine Weile. Besonders vorsichtig muss man an der Brust vorgehen, damit man nicht zu große Daunenbüschel auf einmal herausreißt, denn dann hängen oft Haut- und Fleischstückchen mit daran. Diese Daunen gehören auf den Kompost – sie würden sofort faulen. Am besten spannt man mit zwei Fingern die empfindliche Haut und rupft die Daunen mit der Wuchsrichtung heraus. Je jünger das Geflügel ist, umso leichter reißt die Haut ein.

Info

Bei lebendigem Leib

Gänse können auch schon zu Lebzeiten gerupft werden. Ab Anfang August – je nach Alter der Tiere und Wetterlage – kann man sie alle 7 Wochen an Bauch, Brust und Hals vorsichtig rupfen – vorausgesetzt, die Kiele sind nicht blutig. Vorsichtiges Rupfen der reifen Feder mit der Wuchsrichtung tut den Gänsen nicht weh. Vorher muss das Gefieder natürlich gut gewaschen werden. Das lässt man die Gänse am besten selbst machen!

Restliche Federn entfernen

Wenn das Tier sauber gerupft ist, gibt es zwei Möglichkeiten, Daunenreste – oder beim Huhn flaumartige Federn – zu entfernen. Entweder man flammt die Haut sehr vorsichtig aus größerer Entfernung mit einer Lötlampe ab (besonders unter den Flügeln sind Flaumreste von Hand schwer zu entfernen), oder man taucht sie in flüssiges Wachs (Rupfwachs, im Fachhandel erhältlich, nicht billig, aber praktisch). Danach werden sie in kaltes Wasser getunkt und eventuell kurz in den Kühlschrank gelegt. Anschließend wird die erstarrte Wachsschicht mit allen Stoppelresten abgezogen. Das benutzte Wachs wird wieder eingeschmolzen und über einen feinmaschigen Drahtrost gegossen, damit die Federreste ausgefiltert werden. So kann man das Wachs immer wieder verwenden.

Verwertung der Federn

Die Federn werden in den meisten Fällen in die eigenen Kissen wandern. Nach dem Rupfen werden die Daunen und Halbdaunen in alte Bettbezüge gefüllt und luftig und trocken aufgehängt. Ab und zu müssen sie vorsichtig aufgeschüttelt werden. Im nächsten Herbst können sie dann verwendet werden. Am besten lässt man

Eine Halbdaune erkennt man am langen, dünnen, weichen Kiel.

sie in einem Bettenfachgeschäft noch einmal reinigen, nicht aber „eulanisieren", da für die Imprägnierung meistens Gifte verwendet werden, die im Bett nichts zu suchen haben. Lavendelbeutel, in das Inlett eingenäht, reichen aus, vorausgesetzt, die Federn sind wirklich sauber.

Früher trafen sich die Nachbarinnen an langen Winterabenden zum „Federschleißen". Die Federhaare (Fahnen), die seitlich an den großen Schwungfederkielen wachsen, wurden stückchenweise abgerissen – „geschlissen" oder „gespleißt" – und für Kissenfüllun-

gen gesammelt. Außerdem wurden die harten Kiele der Halbdaunen abgetrennt.
Große Federn, die im Haushalt keine Verwendung mehr finden, schmutzige und mit Fleischstückchen behaftete sowie Federn mit blutigen Kielen wandern auf den Kompost.

Da kann es einer nicht abwarten.

Das Ausnehmen

Von Kopf bis Fuß

Eine große, saubere Tischplatte, gut beleuchtet, ein scharfes, kleines, spitzes Küchenmesser, ein etwas größeres Messer, eine kleine Schüssel und ein Tellerchen werden zum Ausnehmen benötigt. Die Füße werden mit dem größeren Messer am Gelenk (also da, wo die ledrige Haut aufhört) rundum eingeschnitten und abgetrennt. Sie kommen in die Schüssel für den Komposthaufen. Der Hals wird mitsamt der Haut in Schulterhöhe abgetrennt. Stilecht wäre es, eine Art Luftröhrenschnitt in die Halshaut zu platzieren und durch diese Öffnung Luftröhre, Speiseröhre und Kropf herauszuholen. Da aber sowohl beim Braten als auch beim Einfrieren der lang abstehende Hals meistens abgeschnitten wird, ist diese radikale Methode einfacher. Die Haut des Halses wird abgezogen und mit ihr Kropf, Luft- und Speiseröhre entfernt. Die Katze freut sich darüber.

Bauchhöhle öffnen

Nun legt man den Geflügelkörper auf den Rücken, setzt das kleine Küchenmesser unterhalb des Brustkorbs an und schneidet vorsichtig und nicht zu tief eine Öffnung bis zur Kloake. Jetzt wird die Bauchhöhle geöffnet, man greift unter das Ende des Darmes, schneidet um die Kloake herum – Vorsicht, damit kein Kot austritt und das Fleisch verschmutzt! – und zieht das Darmende mit der Kloake ein Stück heraus. Dann fährt man mit einer Hand an den Eingeweiden vorbei in die Bauchhöhle, löst mit den Fingern rundherum die dünne Bindegewebshaut, umgreift nun möglichst viel der Eingeweide und zieht sie vorsichtig heraus. Leber und Magen werden abgetrennt, die Därme kommen in die Kompostschüssel. Nun ganz vorsichtig das Lebergewebe um die Gallenblase herum ausschneiden – die Galle in die Schüssel, die Leber auf das Tellerchen. Der Magen wird an der Schmalseite aufgeschnitten, entleert und mit dem Messer die weiße bis gelbe Innenhaut entfernt. Je älter das Tier, um so schlechter löst sie sich ab. Magen, Hals und Leber kommen zusammen auf das Tellerchen, ebenso das Herz, das noch aus der Bauchhöhle geholt wird und dessen glasige Hülle und

Adern entfernt werden. Lungenreste, Knorpelteile der Luft- und Speiseröhre, Hoden bzw. Eierstock werden noch entfernt, dann kann das Tier gründlich unter fließend kaltem Wasser gereinigt werden.
Wer einen kühlen, trockenen, mäusesicheren Raum hat, hängt das Geflügel nun für 2–3 Tage mit der Halsöffnung nach oben dort ab. Andernfalls kann das Fleisch auch gleich zubereitet oder eingefroren werden.

Geflügelmist verwerten

Der Spruch „Kleinvieh macht auch Mist!" hat seine Berechtigung. Die Nährstoffmengen im Hühnermist sind mit denen der Schweinegülle vergleichbar. Der Anteil an Magnesium ist geringer, der Kalziumanteil ist etwas höher. Typisch für Geflügeldünger ist sein hoher Kaligehalt und leicht umsetzbarer Stickstoff. Hauptnährstoff ist Phosphor.
Geflügelmist ist sehr hitzig, führt also leicht zu Verbrennungen. Darum mit Erde vermischen oder als Jauche verdünnt mit Wasser anrühren und sehr sparsam bei stark zehrendem Gemüse einsetzen.
Kompostierung beziehungsweise das Aufbringen von halbgarem Kompost im Herbst sind weitere Möglichkeiten.

Gemütliches Verdauungsschläfchen

Schafe und Ziegen

Schafe

Wildschafe

Schafe sind Wiederkäuer und Steppenbewohner. Sie stammen entweder vom Arkal oder vom Mufflon ab. Diese wilden Schafe leben in kleinen Herden bis zu 30 Tieren. Vor etwa 10 000 Jahren begann der Mensch, die Wildschafe als Haustiere zu halten.

Bei Gefahr durch Wölfe und andere Raubtiere stehen die Schafe entweder dicht gedrängt zusammen mit den Lämmern in der Mitte des Pulkes oder sie flüchten mit großen Sprüngen.

Heutige Schafrassen mit kurzem Schwanz (Heidschnucken) stammen von den Mufflons ab, die es auch heute noch wild lebend in Europa gibt. Vom Arkal, in Zentralasien immer noch in seiner Urform zu finden, stammen alle langschwänzigen Schafe ab (Merinos).

Schafrassen

Jetzt also zu den Vor- und Nachteilen der verschiedenen Rassen. Im Laufe der Jahrhunderte hat jeder Landstrich seine typischen Kreuzungen entwickelt. Wir konzentrieren uns hier auf wenige typische Rassen.

Heidschnucken

Die Tiere sind in allen drei Gruppen zierliche Tiere mit grober Wolle, die höchstens für den Eigenbedarf geeignet ist, um Teppiche oder Filze herzustellen. Ihr Fleisch erinnert an Wild. Kenner lieben es und zahlen dafür auch höhere Preise, sodass das geringere Schlachtgewicht kein Hinderungsgrund für ihre Haltung sein muss. Besonders auf trockenen Böden ist die Klauenpflege unproblematisch, auch der Futterbedarf ist sehr bescheiden. Für Anfänger ist von Vorteil, dass fast immer nur ein Lamm zur Welt kommt. Das heißt Geburtshilfe ist selten nötig, die Tiere lammen sehr leicht ab. Und wie es sich für mit Hörnern bewehrte Fast-Wildtiere gehört, sind sie sehr energisch, wenn es um die Verteidigung ihrer Jungen geht.
Die ausgewachsenen Böcke tragen auf ihren edel geformten Köpfen wunderschöne schneckenförmige Gehörne, die weiblichen Tiere mit ebenso schönen Gesichtern tragen leicht nach hinten gebogene Hörner. Die Aufzucht der Lämmer verläuft ganz unproblematisch durch die Mütter.

Bedürfnisse der Heidschnucken

Grobe Wollvliese werden leichter von Regen durchnässt als dichte, feinwollige Vliese. Darum brauchen die Tiere ganzjährig einen Unterstand, der gut gegen Regen schützt und wo das Winterheu in einer Raufe wettergeschützt angeboten werden kann. Ein der Größe der Herde angepasstes Pultdach mit Rückwand zur Wetterseite bietet auch Sonnenschutz, und im Winter können die beiden Seiten des Unterstandes z.B. mit Schwartenbrettern vernagelt werden. Ein fester, geschlossener Stall bekommt den Tieren nicht sonderlich gut.
Heu, Stroh, frisches Wasser, ein Salzleckstein ohne Kupfer für Schafe und eine kleine Hand voll Hafer, getrocknete Rübenschnitzel oder trockenes Brot in kleinen Mengen (schimmelfrei!) machen die Tiere handzahm. Vorsicht, der Bock ist stolz und mag nicht schmusen! Wir hatten allerdings einen Bock, der bei unserem Hund eine Ausnahme machte. Der Bock legte sich längs am Zaun zum Wieder-

Info

Heidschnuckengruppen

Die Heidschnucken haben drei Untergruppen:

1. *Graue, gehörnte Heidschnucken eignen sich am besten auf trockenen, sandigen Böden.*
2. *Weiße, gehörnte und*
3. *weiße, ungehörnte Heidschnucken.*

Sie eignen sich beide für Feuchtgebiete.

Weiße, gehörnte Heidschnucke

Heidschnucken bei der Landschaftspflege.

käuen hin, und dann durfte der Hund ihm von der anderen Zaunseite aus Kopf und Hinterteil ablecken.
Zu viel Zufütterung bekommt den Tieren nicht. Gutes Heu und Stroh sollten immer zur Verfügung stehen, aber auch schimmelfreies, getrocknetes Laub und Nadelgehölz werden sehr gern gefressen. Vorsicht: Junge Bäume müssen mit Hasendraht geschützt werden!
Für Anfänger sind 2–3 Heidschnuckenschafe mit oder ohne Bock sehr zu empfehlen.

Info

Milchleistung

Die Milchleistung dieser Schafe liegt im Jahresdurchschnitt bei 500–650 Liter mit 5–6 % Fettgehalt. Zudem ist Schafsmilch sehr gesund und wegen ihres Gehaltes an Orotsäure und Amygdalin medizinisch interessant.

Das Milchschaf

Am anderen Ende des Spektrums steht das Milchschaf. Ursprünglich aus Ostfriesland kommend ist es inzwischen überall in Deutschland und Europa verbreitet. Diese Rasse gibt es mit weißer und mit schwarz-brauner Wolle. Typisch ist der lange, nackte Schwanz, der nicht kupiert wird, ein großes Euter mit langen Strichen und ein schmaler, seidig glänzender Kopf mit nach vorn gerichteten Ohren, großen Augen und zartrosa Nüstern.
Diese Tiere gedeihen nicht in großen Herden. Sie sind Einzelgänger und können auch allein gehalten werden. Wichtig für diese Seelchen ist eine sensible Betreuung. Die Wollqualität liegt im mittleren Bereich, die Futteransprüche sind recht hoch.

Eine Herde voller Individuen

Milchschafe brauchen einen soliden Stall mit Melkstand und mit Ablammbuchten.

Das Milchschaf ist relativ groß und liefert Hochleistungen bei den drei berühmten F der Schafhalter:
Es ist frühreif, das heißt es kann mit 7 Monaten gedeckt werden und mit 12 Monaten ablammen.
Es ist sehr fruchtbar, das heißt selten Einlinge, oft Drillinge, auch Vierlinge mit hohem Geburtsgewicht werden geboren.
Höchste Frohwüchsigkeit, das heißt keine Rasse hat Lämmer, die so schnell wachsen.

Bedürfnisse der Milchschafe

Die Ansprüche an den Stall sind vergleichbar mit denen anderer Schafrassen. Für unsere Kleinstherden kann möglicherweise vorhandener Stallraum genutzt werden. Wichtig ist Helligkeit, Trockenheit, frische Luft ohne Zugluft und genügend Platz pro Schaf zum Liegen, Fressen und Trinken im Winter sowie zum bequemen Ablammen. Es genügt ein Lehmboden mit einer guten Kiesdrainage und frischer Stroheinstreu. Die Wände können aus Holz, z.B. Schwartenbrettern, sein, die schuppenartig übereinander genagelt werden. Die Tür muss nach außen zu öffnen sein. Eine Hürde im Türeingang sorgt dafür, dass die Tiere nicht gleich hinausstürmen können. Eine zweigeteilte Klöntür wäre ideal. Ein Pultdach vervollständigt den dreiseitig geschlossenen Unterstand, der bei

Tipp

Heuraufe mit Deckel

Unbedingt notwendig ist ein klappbares Brett auf der Raufe, denn die Lämmer sind sonst im Nu in der Raufe zu finden.

Ein gut trainierter Hütehund ist für Berufsschäfer unersetzlich.

großer Kälte mit einer Tür – zum Schutz gegen Raubwild aber nur mit einer drahtbespannten Hürde geschlossen wird. Wird die Tür geschlossen, müssen Lüftungsmöglichkeiten in Dachhöhe vorhanden sein. Kälte wird bei reichlicher und trockener Einstreu gut vertragen. Feuchte Einstreu und hohe Luftfeuchtigkeit führen jedoch im Nu zu Krankheiten, ebenso wie Zugluft. Pro Mutterschaf plus Lämmer rechnet man 4–5 m^2 inklusive Raum für Futterraufen, Ablammbucht etc. An der Raufe braucht ein großes Schaf etwa 50 cm, ein Lamm 30 cm Platz.

Heuraufe, Kraftfutter und Tränke

Die Heuraufe kann bei einer kleinen Herde an der Wand angebracht werden. Der Abstand der Holzstäbe sollte etwa 7 cm betragen. Zu bedenken ist im Winter die Höhe der Einstreu. Wird unter der Heuraufe ein schräges Futterbrett angebracht, können sich im Sommer die kleinen Lämmer darauf abstützen, um an das Heu zu

kommen. Ein Nackenschutz ist von Vorteil, damit das Heu nicht die Wolle verunreinigt.
Kraftfutter (Hafer, Rübenschnitzel etc.) kann entweder auf dem stabilen Futterbrett unterhalb der Heuraufe gereicht werden, oder man füttert es in einzelnen Schüsseln, die anschließend leicht gesäubert werden können. Ein Wassereimer wird in eine Ecke gestellt und mit einem Wandhaken befestigt. Wichtig ist, dass immer genügend Wasser zur Verfügung steht, auch im Winter. Gerade dann hat die Eimertränke den Vorteil gegenüber einer Wasserleitung im Stall, dass keine Frostschäden entstehen können. Das Wasser wird im Winter natürlich gut temperiert angeboten. Für Notfälle muss eine Infrarotlampe so installiert werden, dass die Stromleitung nicht von den Tieren angeknabbert werden kann. Ablammbuchten werden mit Hilfe von Holzhürden variabel gestaltet. Beim Klauen schneiden der Alttiere ist es ebenfalls sinnvoll, in einer separaten Box arbeiten zu können.

Der gute Hirte!

Merinoschafe

Jetzt noch zu den Merinofleischschafen:
Sie liefern neben bestem Fleisch die feinste Schafwolle Deutschlands. Im Gegensatz zum individualistischen Milchschaf sind sie typische Herdentiere, die sich auch für die Wanderschafhaltung bestens eignen. Wer es darauf anlegt, kann ein Merinoschaf dreimal innerhalb von zwei Jahren lammen lassen. Auch diese Tiere brauchen einen Unterstand als Regenschutz, in diesem Fall wegen der extrem feinen Wolle.

Schwarzköpfiges Fleischschaf

Weitere Rassen

Es gibt natürlich noch eine ganze Reihe weiterer Rassen außer diesen drei aufgeführten Extremen:
Das Texelschaf, Suffolk, Bergschaf, Fuchsschaf (rot-brauner Körper mit „Goldvlies"), Rhönschaf und natürlich auch hier viele Landrassen.
Im Herbst gibt es regionale Auktionen und Märkte, über die man durch den Landesschafzuchtverband und den jährlich im Buchhandel erscheinenden Schäfereikalender informiert werden kann. Wem es möglich ist, der sollte sich hier einen Überblick verschaffen.

Auswahl der Schafe

Gerade ein Anfänger braucht keine Eins-A-Hochleistungstiere. Guter Durchschnitt ist vollkommen ausreichend. Sie wollen ja nicht gleich wieder auf Ausstellungen, um Preise zu gewinnen.
Trotzdem ist einwandfreie Gesundheit der Tiere Bedingung für den Kauf. Ein erfahrener Freund, der ohne Vorteilsnahme beratend zur Seite steht, wird sehr hilfreich sein.

Check: Äußerliche Merkmale auf den ersten Blick

- ☐ *Das Vlies muss sauber und „geschlossen" sein. Wenn es in Fetzen am Körper hängt, ist das Tier krank. Ausnahme ist eine afrikanische Rasse, die nicht geschoren wird, sondern ihre Wolle abstreift.*
- ☐ *Gerader Rücken, gerade Beinhaltung (weder X- noch O-Beine), korrektes Fesselgelenk (weder durchgetreten noch steil ohne Knick).*
- ☐ *Die Klauen müssen sauber und kurz geschnitten sein.*
- ☐ *Die Zahnstellung muss in Ordnung und die Lippen müssen frei von Anomalitäten, die Augen klar sein.*
- ☐ *Das Euter darf nicht tief hängen, es darf keine Verhärtungen aufweisen, die Zitzen sollten möglichst weit unten oder seitlich nach unten gerichtet und möglichst lang sein (entscheidend bei Milchschafen!)*
- ☐ *Beim Bock müssen beide Hoden sichtbar und normal entwickelt sein.*
- ☐ *Altersbestimmung über die Zähne: Ganzes Milchgebiss vorhanden mit 5 Wochen. Weitere Details können die so genannten Zangen, die inneren und äußeren Mittelzähne und die Eckschneidezähne liefern, aber dazu braucht man einen Schäfer, der bei der Altersbestimmung viel Erfahrung hat.*

Schafe halten

Vor unserem geistigen Auge erscheint eine friedvolle Idylle – Stille, nur Vogelgezwitscher ist erlaubt, eine Streuobstwiese, und dazwischen weidet zufrieden eine Hand voll Schafe.
Setzen wir voraus, dass Sie glücklicher Besitzer eines solchen Grundstücks hinter Ihrem Haus sind. Dann ist ein solider Zaun die unabdingbare Voraussetzung für die Schafhaltung! Denn ganz und gar brave und sogar etwas dümmlich dreinschauende Schafe haben urplötzlich den Teufel im Leib, wenn sie eine Schwachstelle in Ihrem Zaun entdeckt haben. Einfach so, nicht wegen Futtermangel, nur aus Spaß, werden die Schafe Sie auf Trab halten.
Wer daran denkt, 2–3 Schafe nur anzutüdern (ein Metallstab in der Erde, mit einer ca. 3 m lagen Kette oder einem Seil verbunden, durch einen Metallwirbel endlos drehbar), sollte sich vorher gut überlegen, ob die Schafe auch ständig beobachtet werden können. Fremde Hunde oder die eigenen haben auf diese Weise ein leichtes Spiel.
Die Möglichkeit, die Schafe mit dem eigenen Hund hüten zu wollen, halte ich für nicht realistisch. Erstens braucht der Hund die

Tipp

Ausgebüxt

Ist es dann doch einmal passiert und die Schafe sind auf Abwegen, gibt es einen Zaubertrick, der natürlich vorher oft genug geübt werden muss:
Der Futtereimer – gefüllt mit etwas Hafer, damit es schön rasselt – hat eine ungeheure Anziehungskraft!

geeignete, sehr spezielle Ausbildung und zweitens wird auch ein Schäfer mit seinem Hund arbeiten. Oft genügt auch nicht ein Hund allein. 20 Schafe und mehr haben einen klaren Herdentrieb, während 3–5 Schafe sehr eigenständige Ideen entwickeln können. Bedenken Sie darum bitte, dass auch Ihre Schafe vor Ihrem Hund geschützt werden sollten.

Merinoschafe eignen sich gut für den Hobbyhalter: Sie haben eine tolle Wolle, gute Fleischqualität und man kann sie auch melken.

Sturer Bock

Soll auch ein Bock gehalten werden, ist es wichtig, seine Reaktionsmechanismen zu verstehen. Gerade zur Brunftzeit geschieht es immer wieder, dass Menschen sich über ihren aggressiven Bock beschweren. Ein Bock verteidigt seinen Harem gegen Rivalen und natürlich auch gegen Raubwild. Wurde ein Bock als Flaschenlamm aufgezogen, gibt es keine klare Trennung mehr zwischen Mensch und Rivale. Zudem neigen Menschen oft dazu, Vertrautheit durch Kraulen, besonders auf der Stirn des Bocks, herzustellen. Das kann er aber überhaupt nicht leiden und rempelt. Das wiederum sieht der Mensch als bösartige Erwiderung seiner Liebesbekundung und boxt den Bock auf die Stirn. Das tut dem Bock aber gar nicht weh, es reizt nur zur weiteren Eskalation. Auch schmerzt es den Menschen, seelisch und körperlich, wenn er im Winter Heu in die Futterraufe im Unterstand gibt und als Dank dafür heftigst in die Knie und andere Körperteile gerammt wird. Dabei vertreibt der Bock nur den

Rivalen, der jetzt in der Brunft an seinem Unterstand gar nichts zu suchen hat. Die erhöhte Ausschüttung des Sexualhormons Testosteron erhöht nicht gerade die Intelligenz! Wie so oft – eine kalte Dusche mit einem Eimer Wasser wirkt ernüchternd. Passen Sie daher bei kleinen Kindern auf und lassen Sie sie bitte nie mit dem Bock allein!

Weibliche Schafe sind meistens vollkommen unproblematisch und lieben es sogar, unterm Kinn oder hinter den Ohren gekrault zu werden. Trotzdem, auch sie verteidigen ihre kleinen Lämmer oder erschrecken über unbedachtes Verhalten der Kinder. So viel also zur Idylle – sie funktioniert, wenn man sich an bestimmte Regeln hält.

Schafe und andere Tiere

Auf wie viel Land, mit welchem Zaun, welche Rasse, wie viele Schafe, zu welchem Zweck, in Gesellschaft mit welchen anderen Tieren, in welchen Stallungen gehalten werden, sind die entscheidenden Fragen, die nun hier beantwortet werden sollen.

Dieses Planspiel hat viele Variablen. Ich gehe von einem Beispiel aus, das von Ihnen variiert werden kann.

Im Idealfall stehen Ihnen 5 000 m^2 Land hinterm Haus zur Verfügung. Da Sie außer den Schafen auch noch Hühner, Enten, Gänse, Kaninchen, 1 Ziege und 1 Esel halten wollen, ist die Schafherde relativ klein. Darum entscheiden Sie sich in diesem Beispiel entweder für 3 Heidschnucken, weil diese Schafe für Anfänger wunderbar unproblematisch sind und außerdem hübsch anzusehen. Oder Sie versuchen es mit einem Milchschaf, das als Individualist seine Herdentiervergangenheit zu Gunsten hoher Bindungsfähigkeit an den Menschen aufgegeben hat.

Wenn aber die Ziege und der Esel oder die Gänse nicht mit in die Arche kommen, wollen Sie vielleicht lieber 5 Merinos, die wunderschöne Wolle und ausgezeichnetes Fleisch haben – und melken kann man sie auch, wenn sie als Jungtiere daran gewöhnt werden. Dazu 7 Hühner für die Eier und 3 Indische Laufenten, um die Schafweide schneckenfrei zu halten. Schnecken sind der Zwischenwirt der Leberegellarven, die den Schafen gefährlich werden können. Dann fällt den Kindern aber ein, dass man auf Schafen nicht reiten kann, auf einem Esel aber sehr wohl. Auch haben Sie gehört, dass Esel eine Schafherde heldenhaft gegen Raubtiere verteidigen. Zudem eignen sie sich zum Nachweiden ganz ausgezeichnet, pflegen also die Weide. Aber sie sind nässeempfindlich wie die Ziegen, und Ziegenmilch ist sehr gesund.

Info

Von wegen „dummes Schaf"!

Forscher des „Babraham Institute" in Cambridge widerlegen jedoch in einer neusten Studie, dass Schafe dumm sind. Derzufolge kann sich das Schaf über 50 Gesichter von Artgenossen über 2 Jahre lang merken. Die genannte Studie führte ferner zu dem Ergebnis, dass das Aufhängen von Schafportraits im Stall zu einer deutlichen Senkung des Adrenalinspiegels und der Pulsfrequenz beim Schaf führt. Die Forscher führten dies darauf zurück, dass das Schaf bemerkt, dass es „nicht allein" ist.

Quelle: Wikipedia

Solide Umzäunung

Zaun und Hecke

Beginnen wir bei der Einzäunung. Der beste Zaun für diese Grundstücksgröße ist ein Knotengeflechtzaun, etwa 2 m hoch wegen des Geflügels, im unteren Bereich mit engem Geflecht wegen der Lämmer und wegen des jungen Geflügels am besten mit Hasendraht gesichert. Eine „essbare" Hecke außen herum gepflanzt kann langsam hoch wachsen, vor Witterungseinflüssen schützen, eine Futterquelle für die Tiere sein und der Familie Brombeeren, Himbeeren, Haselnüsse und Hagebutten liefern. Wegen der Nistplätze für Singvögel wird sie zusätzlich noch zur singenden Hecke. In England gibt es den Beruf des „Heckenlegers". Dort sind Hecken ein wichtiger Bestandteil der Kulturlandschaft.

Im Hintergrund der Schwarzkopfschafe erkennt man den Elektrozaun, der die Weide in Portionen unterteilt.

Elektrozaun

Ein Elektrozaungeflecht ist nur sinnvoll, wenn das Gras nicht zu hoch steht, sonst muss vorher der Zaunbereich gemäht werden, damit kein Bodenkontakt besteht. Bei sehr trockenen Böden kann die Stromführung ebenfalls ein Problem sein. Dann muss die Erdung mit einem Eimer Wasser wiederhergestellt werden. Hauptsächlich aber müssen die Schafe vorsichtig mit dem Zaun in Kontakt gebracht werden. Ausgewachsene Schafe in vollem Vlies, die keinen Elektrozaun kennen, rempeln sich einfach den Weg frei. Sind erst einmal Stäbe nach außen gebogen, setzen die Lämmer darüber, und dann gibt es für die Mutterschafe kein Halten mehr. Diese so genannten Hürdenspringer entwickeln das Ganze zur sportlichen Disziplin und sorgen beim Menschen für Tobsuchtsanfälle. Außerdem sind solche Situationen an befahrenen Straßen unverantwortlich. Wenn Sie es mit Elektrozaun versuchen wollen, dann nur mit frisch geschorenen Schafen innerhalb einer festen Weidekoppel und in Ihrem Beisein, um den Schafen den Respekt vor dem Elektrozaun so anzutrainieren, dass sie seine Nähe zuverlässig meiden.

Info

Portionsweiden

Mit Hilfe von Hürden aus Holz mit Zaungeflecht bespannt, kann man, je nach Grundstücksgröße, Portionsweiden abtrennen. Es gibt nach meiner Erfahrung immer Gründe, warum Tiere kurzfristig separiert werden müssen.

Schafe füttern

Schafe und Ziegen sind – wie Rinder auch – Wiederkäuer und reine Vegetarier. Und sie haben zur besseren Futterverwertung gleich 4 Mägen: 3 Vormägen (Pansen, Netzmagen, Blättermagen) und den eigentlichen Magen, den Labmagen.
Gute Weide im Sommer, Heu und Stroh im Winter, zusätzlich etwas Hafer, Mineralsalze und immer reichlich frisches Wasser ist alles, was ein Schaf braucht. Je nach Qualität der Weide und des Heus, je nach Energieverlust durch einen harten Winter oder durch Trächtigkeit und Milchproduktion ergibt sich ein erhöhter Bedarf an Futtermitteln, die je nach Verfügbarkeit den Speiseplan ergänzen können.

Unterschiedliche Laubgehölze

Im Besonderen ist dazu zu sagen, dass das Laub oft zusätzliche Heilwirkungen hat und die Rinde gern von den Schafen geschält wird – bieten Sie also auch ganze Zweige an. Buchenlaub verhindert Blähungen nach zu gehaltvollem Weidegang und gibt gelbe Butter.

Info

Zusatzfütterung

Dazu gehört erst einmal die oft vergessene Laubfütterung – frisch oder getrocknet. Dazu ein Nährwertvergleich nach G. Hänel, Oberförster i. R.
1 kg Durchschnittsheu:
= 670 g Laub der Kanadischen Pappel
= 700 g Berg-, Spitz-, Feldahorn,
= 840 g Linden-, Hainbuchen- und Eichenblätter
= 915 g Hasel, Erle
= 1000 g Birkenlaub (wird in Schweden mit Trieben und Knospen verfüttert)

Das Laub von Eberesche, Ahorn, Pappel, Salweide, Maulbeer und Obstbäumen gehört zum nährstoffreichsten Laub für Schafe und Ziegen.
Akazie: Für Schafe und Ziegen gut, für Pferde und Esel tödlich.
Wein: Nur ungespritzt.
1 ha Weingarten = 9 dz Grünfutter.
Sehr gut für die Milchproduktion!
Brombeere und Himbeere: „Dessert"-Laub.
Erntetermine: Juni, Juli bei aufsteigendem Mond für Grünfütterung. Im August werden die Herbsttriebe für die Trockenfütterung geerntet.

Kraftfutter und Vitamine

Eicheln, Bucheckern und Kastanien sind ein sehr gehaltvolles Kraftfutter. Obst, Rüben, Gartenabfälle, Obsttrester, altes Brot in kleinen Mengen, Trockenschnitzel (Reste aus der Zuckerrübenverarbeitung) werden begeistert gefressen.
Zuviel des Guten führt jedoch zur Verfettung der Tiere, was auf jeden Fall vermieden werden muss. Zu fette Schafe werden nicht trächtig.
Ein Mutterschaf während der Milchproduktion hat natürlich einen höheren Energiebedarf. Etwa 10 Tage vor dem Decktermin ist ein Vitaminschub (Obst, Trester) sehr angebracht, ebenso kurz vor dem Ablammen (Brennnesselheu, kleine Runkelrüben, Äpfel, Möhren,

1

2

Laubheu, im letzten Drittel der Tragezeit). Kilberlämmer, die noch nicht tragen, junge Böcke und Zuchtböcke, außerhalb der Decksaison, brauchen nur ein Erhaltungsfutter.

Heu

Wie viel Heu ein Schaf im Winter braucht, ist nicht ganz einfach zu sagen, da es zum einen von Unterbringung, Fütterungstechnik, Härte und Länge des Winters abhängt, zum anderen von der Qualität des Heus, die von Jahr zu Jahr verschieden ist. Ob 1. Schnitt oder 2. Mahd (Grummet, Öhmd) ist ebenfalls wichtig. Der 2. Schnitt ist oft holziger, bei schlechtem Wetter (viel Regen, wenig Sonne) gibt es zwar viel Grasmasse, aber es ist nicht sehr gehaltvoll, bei der Trocknung kann durch langes Liegen auf dem Feld viel Eiweiß verloren gehen und es kann zu Schimmelbildung kommen. Dieses Heu darf auf keinen Fall verfüttert und auch nicht als Einstreu verwendet werden!

Wer die Zeit und die Möglichkeit hat, sollte sein Heu auf Reutern trocknen und zu kleinen Ballen pressen lassen. Der Qualitätsverlust bei Bodentrocknung, besonders in verregneten Sommern, ist enorm. Reuter sind Holzgerüste (teilweise auch mit Draht), auf die das angewelkte Gras gesetzt wird und dort 1–3 Wochen auch bei Regen bleiben kann. Währenddessen fermentiert und trocknet es und wird zum typisch duftenden Reuterheu. Vorteil: Kaum Blattverlust und durch fehlenden Bodenkontakt kein Eiweißverlust.

Tipp

Heubedarf

Im Winter sollte man 1–2 kg Heu pro Tag und Tier plus Zusatzfutter rechnen. Bei 3 Mutterschafen rechnet man etwa 60 Hochdruckballen (15–20 kg) für den Winter (ca. 3–4 Monate).
Gerade für Hobbytierhalter sind die kleinen Heuballen sehr zu empfehlen (Transport, Lagerung). Von großen Rundballen kann ich nur abraten.

3

1. *Zuerst wird die Sense fachgerecht geschärft ...*

2. *... um dann mit gleichmäßigen Schwüngen das Gras zu mähen.*

3. *Anschließend wird es zusammengeharkt und auf den Reutern verteilt. Wie Grasmännchen stehen die Reuter auf der Wiese und das Gras kann von oben und unten trocknen.*

Nachwuchs

Paarungszeit und Geschlechtsreife

Wenn es Nachwuchs geben soll, gibt es einiges zu bedenken. Für ein Milchschaf ist es unabdingbar, einmal im Jahr Lämmer zu bekommen, sonst versiegt der Milchfluss.
Zuerst stellt sich die Frage, wann Ihr Schaf paarungsbereit, also brünftig/brünstig wird. Das wiederum hängt sehr von der Rasse ab. Merinoschafe werden unabhängig von der Jahreszeit brünftig, ebenso die Bergschafe.
Heidschnucken und Milchschafe halten sich an den Herbst.
In welchem Alter ein junges Schaf gedeckt werden kann, hängt ebenfalls von der Rasse ab. Die so genannten Kilberlämmer brauchen bei den Heidschnucken etwa 18 Monate, bei den Milchschafen klappt das schon mit 10 Monaten. Die jungen Böcke sind bereits im Herbst ihres 1. Jahres zeugungsfähig. Die Nachzucht der mindestens 2-jährigen Böcke soll jedoch robuster sein.

Trag- und Ablammzeiten

Im Jahresablauf gerechnet ist für den Hobbyschafhalter ohnehin das 18-Monate-Prinzip das Naheliegende.
Denn ein Schaf trägt 150 Tage, bei Mehrlingsgeburten können es 2–3 Tage weniger sein. Beim Milchschaf sind es 140–143 Tage. Das Ablammen sollte sinnvollerweise im Frühjahr zu einer Zeit stattfinden, in der die grimmigste Kälte überwunden ist. Bei Ziegen ist die Tragezeit 146–158 Tage. 154 Tage ist die Norm. Auch für Ziegen ist die beste Ablammzeit März–April.
Findet die Befruchtung Anfang Oktober statt, ist die Ablammzeit 5 Monate später, also Anfang März. Demnach könnte das Kilberlamm, das Anfang März geboren wurde und schon mit 8–10 Monaten geschlechtsreif ist, Anfang November beziehungsweise Dezember oder Januar gedeckt werden. Das verschiebt die Ablammzeit dieser Kilberlämmer auf April–Juni. Es entsteht ein heilloses Durcheinander an Terminen und ungünstigen Aufzuchtzeiten, und die Besitzer müssen wegen ständiger Ablammungen im Einsatz sein. Ein Lamm, das Anfang März oder April zur Welt kommt, kann als kräftiges Schaf 18 Monate später im Oktober/November gedeckt werden und bringt dann ebenfalls wieder mit allen anderen im März/April sein Lamm zur Welt.
So verführerisch es auch klingt, das Ablammergebnis nennt die Lämmer pro Schafmutter. Wichtiger aber ist das Verhältnis der tatsächlich aufgezogenen Lämmer pro Schafmutter. Lämmerverluste sind bei Mehrlingsgeburten höher als bei Einzellämmern. Zudem werden sie von den Müttern öfter nicht angenommen, z.B. wenn das erste Lamm weiblich ist, wird das zweite manchmal verweigert, weil es männlich ist und umgekehrt. Die Zahl der Totgeburten liegt bei Einzellämmern bei 1 %, bei Zwillingslämmern bei 2 %, bei Drillingen bei 5 %, bei Vierlingen bei 13 %.

Vorbereitungen

Es ist Oktober und Ihre Schafe sollen gedeckt werden. Eine Wurmkur für alle Beteiligten sowie eventuell eine Schwanzschur bei den Schafen sollte durchgeführt werden, wenn die Wolle im Scheidenbereich verkotet ist. Die Klauen aller Tiere werden geschnitten. Entweder haben Sie Ihren eigenen Bock seit Anfang Juli separiert oder ihm eine Schürze umgebunden. Nun lassen Sie ihn – ohne Schürze – tagsüber zu den brünftigen Schafen. Nachts sollte der Bock separat gehalten werden, da er sonst mit seinen Decksprüngen den Stall demoliert.

Check

Arbeiten bis zum Ablammen

Anfang Juni

- ☐ *Bock separieren oder Deckschürze umbinden*

Anfang Oktober

- ☐ *Wurmkur bei allen Schafen*
- ☐ *Eventuell Schwanzschur bei weiblichen Schafen*
- ☐ *Klauen schneiden*
- ☐ *Bock darf tagsüber zu den Schafen, nachts separieren*

Anfang März

- ☐ *Ablammzeit*

Tipp

Verhütung bei Schafen

Die Deckschürze ist aus Leder, wird dem Bock in Höhe der Lenden über dem Rücken mit einer Gürtelschnalle umgebunden und verhindert – meistens – das Eindringen des Penis in die Scheide, während der Bock aufreitet.

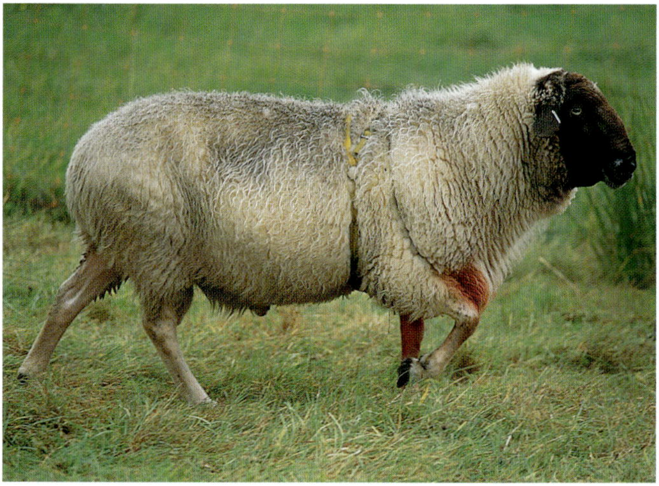

Bei größeren Herden wird dem Bock ein farbiger Wachsblock zwischen die Vorderbeine gebunden. So werden die Schafe beim Deckakt markiert.

Wer nur ein Milchschaf hat, wird wohl keinen Bock halten. Darum wird entweder der Bock ausgeliehen oder Sie machen sich mit Ihrem Schaf auf die Reise.

Brünftigkeit und Paarung

Die Merkmale der Brünftigkeit sind beim Milchschaf ausgeprägter. Die Brunft kann aber auch ganz still verlaufen. Diese Hitzigkeit dauert 26–36 Stunden. Anzeichen können sein: Nervosität, häufiges Blöken, den Kopf nach hinten drehen, Anschmiegsamkeit, häufiges Urinieren, Rötung und Anschwellen der Scheide, Schwänzeln.
Der Bock nimmt den Urin des hitzigen Schafes mit den Lippen auf, zieht bei Gefallen die Oberlippe hoch und wendet dabei den erhobenen Kopf hin und her. Der Deckakt dauert ca. 10 Sekunden.
Wurde ein Schaf nicht befruchtet, tritt die Brunft nach 2–3 Wochen wieder ein.
Die durchschnittliche Brunftzeit bei saisonal veranlagten Schafen liegt zwischen September und Mitte Dezember. Stress durch schlechtes Futter, plötzlichen Futterwechsel, unsachgemäßen Transport, jagende Hunde oder Ähnliches kann im ersten Monat der Trächtigkeit zum Abort der Embryonen führen.

Die Geburt

Milchschafe werden langsam trockengestellt, das heißt es wird immer weniger und seltener abgemolken, bis sie spätestens 6 Wochen vor der Geburt trocken stehen. Nun muss der Bock von den

trächtigen Schafen separiert werden, damit die Tiere nicht durch Rempeleien verletzt werden können. In den letzten beiden Monaten vor der Geburt findet 80 % der Lämmerentwicklung statt.
3–4 Wochen vor der Geburt wächst das Euter. Um Euterentzündungen und Verhärtungen vorzubeugen, und vor allem, um die Schafe, die später von uns gemolken werden sollen, an unsere Hand zu gewöhnen, massieren wir täglich das Euter vorsichtig mit Melkfett. Nur wenn es schon zu einer Verhärtung gekommen ist, vorsichtig etwas Milch abmelken.
Wenn die Geburt naht, wird das Schaf unruhig, frisst kaum, scharrt in der Einstreu, steht auf, uriniert, legt sich hin, sondert sich ab und die Scheide schwillt stark an. Spätestens jetzt sollte es in eine durch Hürden hergestellte Ablammbucht geführt werden, in der saubere Einstreu liegt. (Eventuell 10 Tage vor dem Ablammtermin den Stall ausmisten, wenn das Wetter es zulässt.)
Für uns Menschen ist jetzt Ruhe geboten. Der Mensch sollte sich sehr diskret im Hintergrund halten. Es kann alles ganz schnell gehen oder Stunden dauern. Wenn die Fruchtblase erscheint, sollte es zügig vorangehen. Die Fruchtblase wird nie künstlich zum Platzen gebracht! Wenn eine Stunde danach noch nichts geschieht, holen Sie bitte einen Schafsachverständigen. Das muss nicht unbedingt der Tierarzt sein. Schäfer haben zwangsläufig die größere Erfahrung.

Gesunde, unternehmungslustige Lämmer erkunden die Welt.

Das Lämmchen

Doch im Regelfall brauchen Sie nicht einzugreifen und das neue Leben liegt vor Ihnen. Mit Küchenkrepp können Sie Nase und Mund vom Schleim befreien. Hatte das Lamm eine langwierige Geburt, ist wahrscheinlich schon zäh gewordener Schleim in die Atemwege geraten. Dann öffnet man mit einer Hand vorsichtig das Mäulchen und zieht den Schleim mit dem Zeigefinger der anderen Hand heraus. Latex-Handschuhe sind zu empfehlen, auch um das Lamm vor Infektionen zu schützen. Die Nabelschnur wird in Jodtinktur eingetaucht. Wichtig ist, dass auch das Innere der Nabelschnur etwas abbekommt. Sollte das Lamm Fruchtwasser in der Luftröhre haben (Husten), wird es an den Hinterbeinen hochgehalten, vorsichtig geklopft und zur Not kurz im Kreis geschleudert. Wenn es so schwach ist, dass es kaum Lebenszeichen von sich gibt und blau anläuft, massieren Sie es zum Herzen hin.
Aber im Normalfall sorgt die Mama für alles, und innerhalb einer halben Stunde steht das Lamm am Euter und wackelt mit dem Schwänzchen. Es sei denn, es gibt noch mehr Nachwuchs. Das kann innerhalb von 1–2 Stunden geschehen.
Natürlich braucht die Mutter jetzt frisches, angenehm temperiertes Trinkwasser, frisches Heu und vielleicht einen Apfel oder was sonst zu ihren Spezialitäten gehören mag. Eventuell muss das Hinterteil inklusive Beine mit etwas warmem Wasser gesäubert werden. Trockenreiben nicht vergessen! Möglicherweise wird die Infrarotlampe in den ersten Nächten und Tagen notwendig. Wenn die Lämmer entspannt daliegen, ist alles in Ordnung, Kälte wird besser vertragen als Feuchtigkeit. Zugluft ist jetzt tödlich. Verschmutzte Einstreu produziert Ammoniakdämpfe – hochgefährlich für die Lungen – Lämmerrotz ist die Folge. Darum größten Wert auf saubere Einstreu legen!

Die Nachgeburt

Erst wenn die Nachgeburt abgestoßen wird – eine dunkle, gallertartige, fleischige Masse – ist der Geburtsvorgang beendet. Die Nachgeburt wird aus dem Stall entfernt, da manche Schafe die Nachgeburt auffressen wollen, was für den Wiederkäuermagen schädlich sein soll. Viele Schaf- und Ziegenhalter haben jedoch keine negativen Erfahrungen damit gemacht, wenn das Tier seinem Instinkt folgt. Ich persönlich schließe mich dieser Meinung an.

Eine stolze Mama!

Check: Alles Wichtige für die Geburt

- ☐ *saubere Einstreu*
- ☐ *keine Zugluft*
- ☐ *Latexhandschuhe*
- ☐ *Jod-Tinktur*
- ☐ *Trinkwasser (angewärmt)*
- ☐ *Gutes Heu, Apfel oder Möhre*
- ☐ *Warmes Wasser für eine Hinterbeinwäsche der Mama*
- ☐ *saubere Lappen zum Trockenreiben*
- ☐ *Infrarotlampe*

An der Bauchmitte ist die eingetrocknete Nabelschnur gut zu erkennen.

Fütterung der Flaschenlämmer

In den ersten 24 Stunden nach der Geburt produziert die Mutter Biestmilch (Kolostralmilch), die für die Gesundheit des Lammes von großer Bedeutung ist. Für den Fall, dass aus irgendwelchen Gründen das Lamm mit der Flasche aufgezogen werden muss, ist es von unschätzbarem Wert, wenn man auf tiefgefrorene Biestmilch zurückgreifen kann. Sie enthält Antikörper, einen sehr hohen Vitamingehalt und wirkt abführend, sodass das „Darmpech" abgehen kann. Darmpech ist der schwarze, klebrige Darminhalt des Neugeborenen. Bei Flaschenaufzucht wird mindestens 6 Wochen lang

Check: Fütterungszeiten für Flaschenlämmer

- ☐ *In den ersten 4 Tagen alle 2 Stunden 70 cm³ Milch geben, Menge langsam steigern (nicht aber die Konzentration – Durchfallgefahr).*
- ☐ *In den folgenden 4 Tagen 4 x täglich tränken.*
- ☐ *In der 2. Woche beginnt das Lamm, Heu, Mineralsalz und trockene Rübenschnitzel zu fressen. 3 x täglich tränken. Vitamintropfen können jetzt 1 x täglich verabreicht werden. Mehrere kleine Portionen sind sinnvoller als alles auf einmal.*
- ☐ *In den letzten 4 Wochen kann die Milchmenge bis zu 1¼ Liter betragen. Mehr sollte nicht gegeben werden.*
- ☐ *Bis zur 12. Woche sollten die Lämmer entwöhnt sein. Die Milch wird zuvor immer mehr verdünnt.*
- ☐ *Bei normalen und Flaschenlämmern besteht das Zusatzfutter ab der 5. Woche aus Weide, Heu, 50 g Hafer, Rübenschnitzel, Mineralsalz, Wasser.*
- ☐ *Mit 8 Wochen kann die Hafermenge ca. 150 g betragen.*
- ☐ *Ab der 12. Woche 250 g Hafer füttern.*

Lämmermilchpulver – mit körperwarmem Wasser verrührt – gefüttert. Niemals kühle oder abgekühlte Milch verfüttern, das führt zu Darmstörungen! Auf peinliche Sauberkeit mit Flaschen und Sauger achten. Angesäuerte Milch und zu viel auf einmal führt zu Durchfall. Babyflasche und passender Sauger (Loch vergrößern!) sind zu empfehlen, da sie leicht zu reinigen sind und der Sauger nicht von der Flasche abrutschen kann.

Trennung von Schaf und Lamm

Ab der 12. Woche sollten die Lämmer von den Müttern getrennt werden, wenn Sie selbst Milch abmelken wollen. Außerdem gehen die Lämmer jetzt sehr unsanft mit ihren Müttern um.
Beim Milchschaf werden die Lämmer bereits ab der 5. Woche nachts im Stall separat gehalten und morgens ½ Stunde nach dem Melken (anfangs nicht ausmelken) wieder für den Tag zur Mutter gelassen. Ein Euterschutz aus festem Stoff, der über dem Rücken zu schließen ist, verhindert ebenfalls das Saugen der Lämmer, sodass sie nicht separiert werden müssen.

Mit einem geschickten Dreh wird das Schaf hingesetzt. Die Beine des Menschen dienen als Rückenlehne.

Klauenpflege ist bei Schaf und Ziege identisch: Die Ränder werden vorsichtig mit dem Klauenmesser gekürzt.

Pflege

Die Klauenpflege

Die Klauenpflege findet im Herbst und im Frühjahr statt. Dem Tier wird erheblicher Gesundheitsschaden zugefügt, wenn die Klauen nicht ordentlich geschnitten werden. Fehlerhafte Körperhaltung, Gelenkdeformationen, mangelhafte Bewegung und Schmerzen sind mögliche Folgen, wenn – vergleichbar dem Nagel am Finger – die Klaue überwuchert, was auf steinigem Boden seltener vorkommt.
Zum anderen kann der gefürchteten Moderhinke vorgebeugt werden. Sie wird auch als „Schäferkrankheit" bezeichnet, weil sie häufig in Beständen mit ungepflegten Klauen auftritt. Weicher, morastiger Boden und unsaubere, feuchte Ställe sind ein guter Nährboden für ein Bakterium, das unter die Schafklaue wandert und sie entzündet. Klauenschere und Messer gibt es im Fachhandel. Beim ersten Mal sollte ein erfahrener Schafhalter helfen.
Das Schaf wird dazu hingesetzt, das heißt nachdem man es mit ruhiger Stimme und langsamen Bewegungen in eine Ecke gedrängt hat, packt man das Tier sehr schnell mit einem Arm von unten um den Hals, fasst mit der anderen Hand in die Wolle am Steiß, drückt das eigene Knie in die Seite des Schafes, hebelt es mit dem Arm am Hals hoch und es kommt vor den eigenen Knien als Rückenstütze zum Sitzen. Das klingt etwas kompliziert, ist aber ein sehr schneller, fließender Bewegungsablauf. Nun kann man über das Tier gebeugt die Klauen säubern und schneiden, ohne dass das Schaf hin und her zappelt.

Bocklämmer kastrieren

In dieser Position findet bei den etwa einmonatigen Bocklämmern auch die unblutige Kastration statt. Das klingt sehr unfreundlich, ist aber notwendig. Wer mehrere Lämmer aufzieht, wird nicht umhinkommen, denn mit 3–4 Monaten mischen diese kleinen Machos ordentlich die Herde auf. Wenn ein Bocklamm nicht zur Zucht zugelassen wird und da Sie wohl kein Herdbuchhalter, also kein professioneller Züchter sind, fällt diese Möglichkeit weg, muss es zum Herbst geschlachtet werden.
Ohne Kastration müssten das Bocklamm oder die Bocklämmer inzwischen separat gehalten werden. Wenn Sie einmal zugesehen haben, wie blitzschnell die Kastration vonstatten geht, werden Sie Ihre Skrupel verlieren.

Mit Hilfe einer speziellen Zange (Fachhandel: Burdizzo-Zange) wird ein Gummiring aufgespannt und über die beiden winzigen Hoden geführt. Auf Höhe der Bauchdecke, also am untersten Hodenansatz, lässt man die Spannung der Zange frei, nachdem man die beiden Hoden mit Daumen und Zeigefinger noch etwas straff gezogen hat. Der Gummiring sitzt jetzt eng um den Hodensack herum. Das Bocklamm registriert diese Aktion kaum. Erst wenn es eine Weile herumläuft und springt, kommt es durch die abgeklemmte Durchblutung zu einer Reaktion in Form von Bocksprüngen. Das legt sich aber sehr, sehr schnell. Es ist darauf zu achten, dass nur Böckchen kastriert werden, bei denen schon beide Hoden in den Hodensack gewandert sind und dass auch wirklich beide Hoden vom Gummiring umfasst werden. Wenn der Gummiring schon einmal geweitet wurde und von der Zange sprang – nicht mehr verwenden.
Durch die unterbrochene Blutzufuhr trocknet der kleine Hodensack ein und fällt innerhalb von 10 Tagen ab.

Kupieren

Das Kupieren von Schwänzen findet bei Milchschafen mit ihren nackten Schwänzen nicht statt.
Bei langschwänzigen Schafen wie den Merinos wird es gemacht, um den Deckakt zu erleichtern und um die Geburtshygiene zu verbessern. Lange, wollige Schwänze sind oft stark verkotet. Die Lämmer dürfen dazu nicht älter als 3 Monate sein, und der Restschwanz muss unbedingt After und Scheide bedecken!
Der Gummiring der Kastrationszange wird hier zwischen dem 3. und 4. Wirbel angesetzt, lieber länger als zu kurz! Der Schwanzrest fällt nach 2–3 Wochen ab.

Kotuntersuchung und Entwurmen

Schnecken, Milben und Ameisen sind Zwischenwirte verschiedener Würmer (Endoparasiten), die den Endwirt Schaf heimsuchen und großen Schaden anrichten. Ob eine Herde befallen ist, kann nicht mit Gewissheit an äußeren Symptomen festgestellt werden. Durchfall, Abmagerung, verdickter Kehlkopf und blasse Schleimhäute sind Alarmzeichen, müssen aber nicht auftreten. Eine Kotsammelprobe der erwachsenen Tiere und eine der Lämmer gibt Klarheit. Mit Einmalhandschuhen wird etwas Kot direkt vom After jedes Tieres entnommen. Dazu hebt man mit einer Hand den Schwanz an und greift mit dem Zeigefinger der anderen Hand vorsichtig in den

Info

Gekörte Böcke

Offiziell werden nur „gekörte“ Böcke aus der Herdbuchzucht als Vererber zugelassen. Gekört ist ein von einer Jury der Herdbuchzüchter beurteiltes und für die Zucht zugelassenes Tier.

Tipp

Zeit für die Wurmkur

Wurmkuren sind im Herbst vor der Stallhaltung bzw. vor dem Decken und bevor es im Frühjahr auf die Weide geht sinnvoll. Sind die Lämmer noch sehr klein, dann reicht es, wenn die Mutterschafe entwurmt werden. Die Lämmer erhalten eine abgeschwächte Dosis über die Muttermilch.

> **Tipp**
>
> ***Haftpflichtversicherung***
>
> *Für Schafe, Ziegen, Esel etc. sollten Sie unbedingt eine Haftpflichtversicherung abschließen.*

After. Als Reaktion fallen Ihnen Kotkügelchen in die Hand. Diese Kotproben schickt man zum nächsten Tierärztlichen Untersuchungsamt und erhält dann Auskunft über Art und Behandlung eventueller Parasiten.

Wenn es möglich ist, sollten Sie die Tiere erst nach dem Abtrocknen des Taus auf die Weide lassen, denn das verhindert, dass z.B. der Zwischenwirt Ameise, der sich jetzt auf der Grashalmspitze befindet, abgeweidet wird. Nach Abtrocknen des Taus wandert die Ameise wieder auf den Boden. Wer ein paar Indische Laufenten hält, wird auch weniger Wurmbefall erleben. Die Enten fressen Schnecken, die Zwischenwirt des Leberegels und des Lungenwurms sind. **Vorsicht:** Für die Schafe darf das Wasser und der darin aufgewühlte Schlamm der Enten nicht erreichbar sein, da es hier vor Krankheitserregern nur so wimmelt.

Wurmmittel verabreichen

Die Eingabe der ziemlich großen Wurmtabletten erfolgt bei wenigen Schafen entweder mit einem so genannten Boli-Eingeber oder von Hand: Das Schaf wie beschrieben hinsetzen, eine Hand hält den Kopf unter dem Kinn hochgestreckt, mit der anderen schiebt man zuerst ein Rundholz (kurzes Stück Besenstiel) quer in das Maul, dann schiebt man seitlich die Tablette möglichst weit nach hinten. Jetzt das Rundholz herausnehmen. Vorsicht: Finger! Die andere Hand hält nun vorn das Maul zu, während die jetzt wieder freie Hand vom Kinn zum Kehlkopf immer in eine Richtung massiert, bis der Schluckreflex einsetzt – fertig! Die Milch darf in der auf dem Beipackzettel angegebenen Zeit nicht verwendet werden.

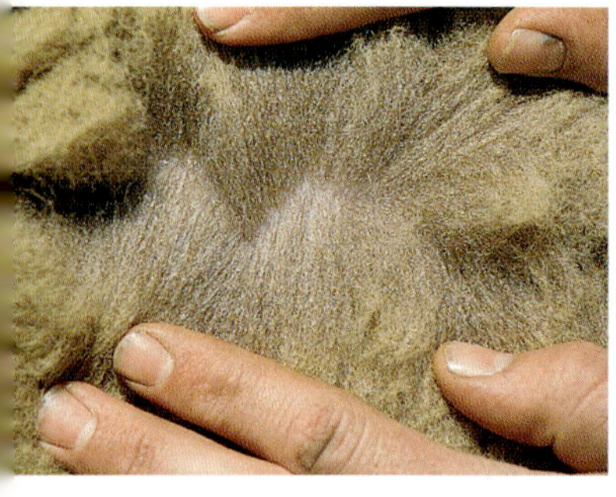

Vor der Schur muss die Wolle sauber und trocken sein. Je feiner die Kräuselung desto wertvoller die Wolle.

Hautparasiten

Die Schafräude ist anzeigepflichtig, aber in Deutschland so gut wie ausgestorben. Der Befall mit Schafläusen, Sandläusen, Zecken oder durch Schmeißfliegen in Wunden gelegte Eier, die sich zu Maden entwickeln, müssen behandelt werden. Der Herdengesundheitsdienst empfiehlt das Mittel der Wahl. Routinemäßig kann das 6–10 Wochen nach der Schur geschehen oder bei akutem Befall, indem man die Wolle scheitelt und mit der Gießkanne oder durch Besprühen mit einer Gartenspritze systematisch das Übel bearbeitet. Die Milch wird in der auf dem Beipackzettel angegebenen Zeit nicht verwendet. Sie sollten die Weide regelmäßig kalken, um Wurmeier etc. abzutöten.

Die Schur

Die Schur erfolgt einmal im Jahr, möglichst nach den Eisheiligen in der 2. Maihälfte. Das heißt für die Kilberlämmer, dass sie mit ca. 14 Monaten zum ersten Mal geschoren werden.

Um dem Tier beim Scheren Unannehmlichkeiten zu ersparen, die durch einen vollen Bauch entstehen können (Atemnot), wird am Vorabend wenig gefüttert und nicht getränkt. Der Platz für die Schur muss sauber und schattig sein. Die Schafe müssen im Vlies vollkommen trocken sein!

Ich empfehle eindringlichst im Sinne von Mensch und Tier, einen Lohnscherer zu bestellen. Die Lohnscherer reisen durchs Land und scheren Hunderte von Schafen. Sie verstehen ihr Handwerk und scheren ein Schaf in kürzester Zeit, ohne ihm weh zu tun oder unnötigen Stress zu verursachen. Kein Anfänger sollte sich mit einer elektrischen Schermaschine am Schaf versuchen. Die Verletzungsgefahr ist einfach zu groß.

Für ein eventuelles Ausschneiden der Wolle im Schwanzbereich vor dem Ablammen genügt eine einfache Schafschere, die Sie im landwirtschaftlichen Fachhandel erhalten.

1 *Perfekte Schur …*

2 *… perfekter Vlies …*

3 *… perfekter Haarschnitt!*

Ziegen

Wildziegen

Bezaor und Markhor aus dem Himalaya und den umliegenden Gebirgen sollen die wilden Vorfahren unserer Hausziegen sein. Der Nahe Osten kannte Ziegen schon 8000 v. Chr. als Haustiere. Der Steinbock ist nicht mit unserer Hausziege verwandt.
Unsere heutigen Wildziegen sind verwilderte Hausziegen. Zwar existiert in Mitteleuropa die Ziege schon seit der Jungsteinzeit, doch die heute bekannten Hausziegenrassen gibt es erst seit der Wende vom 19. bis 20. Jahrhundert. Seit 1927 wird die „Weiße Deutsche Edelziege" und die „Bunte Deutsche Edelziege" gezüchtet.

Info

Verwandtschaft
Schafe und Ziegen sind Mitglieder der Familie der Boviden, also miteinander verwandt, können sich aber nicht kreuzen.

Ziegenrassen

Die Weiße Deutsche Edelziege und die Bunte Deutsche Edelziege werden hauptsächlich hornlos gezüchtet.
Weltweit am meisten verbreitet sind die Schweizer Ziegenrassen, darunter wohl am bekanntesten die Saanenziegen, die ein mildes Klima brauchen. Die Toggenburger Ziege hat einen hohen Zuchtanteil an der Bunten Deutschen Edelziege.
Noch zu erwähnen, aber für unser Klima ungeeignet, sind die Angoraziegen, die die berühmte Mohairwolle zu bieten haben, und die Kaschmirziegen, die in 3000–4000 m Höhe leben.
Zwergziegen sind eigenständige Rassen und für die Selbstversorgung nicht geeignet.
Worauf ich aber das Augenmerk legen möchte, sind unsere Landrassen. Auch hier geht es um Kreuzungen verschiedener Rassen, die oft robuster als die reinrassigen Tiere sind, dazu meist auch preiswerter.

Eine Toggenburger Ziege mit Schafen.

Hier eine rehfarbige und eine weiße Ausgabe der Deutschen Edelziege.

Eine bunte Schar Zwergziegen. Zur Milchgewinnung taugen sie nicht viel, doch dafür bieten sie einen erhöhten „Spaßfaktor".

Überlegungen vor dem Kauf

Hochintelligent, voller Witz und Schabernack lassen Ziegen garantiert keine Langeweile aufkommen. Eigentlich sind sie Herdentiere, aber noch lieber sind sie Freigeister. Mehr noch als Katzen, die nur bedingt erzogen werden können, sind Ziegen sehr unabhängige Wesen. Dennoch haben sie untereinander eine sehr klare Rangordnung, für die es auch unbedingt notwendig ist, dass die Tiere im Stall Abstand zueinander halten können. Es kann auch, besonders bei Flaschenlämmern und Einzelhaltung, eine sehr verschmuste Beziehung zum Menschen geben.
Wer will, kann seinen Kindern auch erlauben, mit den Ziegen zirkusreife Tricks per Belohnungshäppchen einzustudieren. Aber eine Ziege lässt sich nichts befehlen! Da kann man nur listenreich und mit sehr viel Ruhe vorgehen.

Sind Sie reif für eine Ziege?

Die Überlegung lautet: Will ich nur die Milch oder will ich in erster Linie ein vor Übermut strotzendes Wesen, das immer wieder mein Leben aufmischen wird?
Wer zu Jähzorn neigt und schwache Nerven hat, sollte sich lieber für ein Plüschtier entscheiden. Er kann sich aber vielleicht auch vom Saulus zum Paulus wandeln und mit Hilfe einer Ziege lernen,

alles etwas lockerer zu sehen und über sich selbst zu lachen. Trotzdem hier die eindringliche Warnung: Wer noch keine Erfahrung in der Tierhaltung hat, sollte nicht mit einer Ziege beginnen. Es muss schon Liebe sein!

Tolerante Nachbarn

Ebenso wie bei allen anderen Tieren stellt sich auch hier die Frage: Wie tolerant sind die Nachbarn?

Ausbruchskünstler: Es gibt wohl keinen Ziegenhalter, dessen Tiere nicht schon einmal ausgebrochen sind – natürlich in Nachbars Garten. Schafe müssen einen sehr guten, stabilen Zaun haben. Ziegen brauchen als halsbrecherische Kletterkünstler einen absolut ausbruchssicheren Zaun, der für die Ewigkeit gebaut wurde. Eine gute Alternative kann das allerdings nur zeitweilige Tüdern sein, da der Bewegungsbedarf einer Ziege sehr hoch ist. Die Kette sollte mindestens 5 m lang sein, ein Seil wird die Ziege durchknabbern. Zum Tüdern siehe Schafe Seite 107.

Krachmacher: Blökende Schafe und meckernde Ziegen können je nach Intensität eine Zumutung für den Nachbarn und auch für Sie selbst sein. Dabei sollte beachtet werden, dass das Ausmaß dieser fordernden Betteltöne auch in unserer Hand liegt. Wer sehr pünktlich füttert und melkt, fördert die innere Uhr, die wohl die meisten Lebewesen haben. Wer immer morgens um 8.00 Uhr und abends um 18.00 Uhr melkt und füttert, wird erleben, wie die Tiere diese Zeiten einfordern – mit ohrenbetäubendem Lärm. Wenn sie aber im Rahmen des Zumutbaren die Zeiten etwas variieren, reagieren auch die Tiere weniger pedantisch. Die innere Uhr kann sich nicht einstellen. Dazu müssen aber folgende Punkte beachtet werden:

Die Tiere müssen immer genügend Heu, Stroh und Wasser zur Verfügung haben.

Auch für Leckerbissen gibt es keine festgesetzten Zeiten. Bei Tieren, die gemolken werden, hängt sehr viel davon ab, ob sie gerade gelammt haben und darum enorm viel Milch produzieren. Dann muss möglicherweise sogar 3 x täglich gemolken werden. Auf keinen Fall darf es zu einem schmerzenden Euter kommen.

Diese gehörnte Schönheit ist ganz schön neugierig. Was in Nachbars Garten wächst, interessiert sie brennend.

Check Körperbau: Worauf beim Kauf zu achten ist

- ☐ *Wie beim Schaf muss Wert auf ordentliche Klauen, einen guten Stand in den Fesseln und gerade Beine gelegt werden.*
- ☐ *Das Euter sollte ein so genanntes Kugeleuter sein, mit deutlich abgesetzten Strichen, die nach vorn gerichtet sind, damit sie beim Laufen nicht stören. Lange, durchhängende Euter oder sehr kurze Zitzen sind nicht zu empfehlen.*
- ☐ *Der Rücken muss gerade und das Becken lang, leicht geneigt und breit sein. Die Hinterbeine stehen weiter auseinander als die Vorderbeine.*
- ☐ *Insgesamt wirkt eine Ziege im Verhältnis zum Schaf sehr kantig. Fette Ziegen haben Probleme aufzunehmen, also trächtig zu werden.*
- ☐ *Das Fell beziehungsweise die Haut sollen weich und elastisch, das Haarkleid fein, dicht und glänzend sein.*
- ☐ *Die Augen sind klar, weder gelblich noch rot unterlaufen.*

Die Auswahl der „richtigen" Ziege

Natürlich braucht man etwas Erfahrung, um eine Ziege beurteilen zu können. Ein befreundeter Ziegenhalter kann beraten. Trotzdem sollte es auch die Dame Ihres Herzens sein. Eine Ziege muss man auf Anhieb mögen. Es sollte Liebe auf den ersten Blick sein. Schließlich kann sie 15 Jahre alt werden und Sie werden täglich engen Kontakt mit ihr pflegen.

Altersschätzung

Die Zähne zeigen das Alter der Tiere bis 4 Jahre. Danach muss man schätzen.
Wie beim Schaf und allen anderen Wiederkäuern gibt es nur im Unterkiefer Schneidezähne.

3–4 Wochen:	4 Paar Milchschneidezähne sind zu erkennen
12 Wochen bis 12 Monate:	Die Schneidezähne sind ausgewachsen
15 Monate bis 18 Monate:	Wechsel mittleres Zahnpaar
21 Monate bis 24 Monate:	Wechsel benachbartes Zahnpaar
2 ½ Jahre bis 3 Jahre:	Wechsel drittes Zahnpaar
3 ½ Jahre bis 4 Jahre:	Wechsel viertes Zahnpaar, also das äußere
Diese Tabelle gilt auch für Schafe.	

Die Größe

Eine Ziege wächst maßgeblich bis zur ersten Trächtigkeit. Faktisch wächst sie bis zu 5 Jahren. Da Ziegen schon mit 5–7 Monaten zum ersten Mal heiß werden, sollte man darauf achten, dass sie nicht „aus Versehen" gedeckt werden, bevor sie mindestens 9 Monate alt sind. Kleine Ziegen haben schwerere Geburten, zumal wenn der deckende Bock ein großes Tier ist und das Lamm entsprechend kräftig wird.

Ziegen wollen nicht alleine leben. Wenn es kein Artgenosse ist, freuen sie sich auch über Schafe, Ponys oder Esel.

Verschiedene Ziegen ansehen

Wenn sie eine Ziege kaufen wollen, sollten Sie sich mehrere Tiere direkt in unterschiedlichen Ställen und auf der Weide ansehen. Die Haltungsbedingungen, die Art der Besitzer, mit den Tieren umzugehen, und die Art, wie sich Ihre Auserwählte gegenüber anderen verhält, sagt fast alles darüber aus, wie sie sich bei Ihnen verhalten wird. Eine Ziege, die scheu gegenüber ihrem alten Besitzer ist, wird es auch Ihnen gegenüber bleiben.

Auch Probemelken muss erlaubt sein – am besten von einem Freund durchgeführt, der melken kann, wenn Sie sich noch zu unsicher sind. Es gibt ausgesprochen schwer zu melkende Euter. Wenn Sie überlegen, wie Sie sich entscheiden sollen: Nehmen Sie eine junge, handzahme Ziege, die schon einmal gelammt hat. Entweder mit ihren Lämmern, wenn der Preis stimmt, oder allein, wenn Sie ihr zu Hause die Gesellschaft von Schafen, Esel oder Pony bieten können.

Ansonsten wäre eine zweite junge Dame eine Überlegung wert. Denken Sie aber auch an die Milchmengen. 3 Liter pro Ziege über 8 Monate sind die Regel. Für den Anfang aber auf keinen Fall mehr als 2 und schon gar nicht Hochleistungstiere oder nur 2 Lämmer kaufen. Die werden Sie ohne Mutter kaum bändigen können.

Mit oder ohne Hörner?

Dann sollte unbedingt noch über die Hörner entschieden werden. Wegen eventueller Verletzungsgefahr wird auf Züchterebene nur die hornlose Ziege zugelassen. In diesem Zuchtverfahren gibt es aber immer wieder das Problem der Zwitterbildung, wobei diese Anlage auch nicht immer gleich erkennbar ist. Aufgrund der mendelschen Vererbungsgesetze gibt es auch immer wieder einen Anteil gehörnter Ziegen, die auch die Zwittererbigkeit in sich tragen können. Reinerbig hornlose, weibliche Tiere sind absolut unfruchtbar.

Milch- und Zwergziegen-Kindergarten – eine bunte Mischung Schabernack.

Die Erfahrungen vieler Ziegenhalter zeigen, dass die Angst vor Verletzungen selten gerechtfertigt ist. Mittlerweile werden sogar bei Rindern wieder Hörner zugelassen (Hochland etc.). Tatsache ist, dass auch die hornlosen Ziegen untereinander ihre Rangordnung im Zweikampf festlegen müssen. Dabei wird mangels Hörnern bis zu Stirnplatzwunden und sehr massivem Rempeln in die Flanken gekämpft. Allerdings sind bei Schafen und Ziegen die Stirnplatten so hart, dass bis auf die Platzwunde nichts geschieht.
Tatsache ist auch, dass bei gemischter Haltung die Hornlosen wie Aussatz behandelt werden.
Ein weiterer Vorteil der „Gehörnten" ist, dass sie sich gegenüber Angreifern besser verteidigen können. Dem Menschen können die Hörner auch als Griff dienen. Ein übermütiges Tier oder gar der Bock können mit einem schnellen Griff an den Hörnern genommen und kurz zu Boden gedrückt werden. Das hilft auch bei gehörnten Schafen. Die Verblüffung ist groß und der Respekt wiederhergestellt.
Der Versuch mit Salben, Ätzen und Brennen oder gar mit der Säge die Tiere zu enthornen, ist indiskutabel und schlimmste Tierquälerei! Das Horn ist stark durchblutet und im Inneren ungefähr so empfindsam wie ein Zahn.

Diese Ziege holt Schwung zum Rempeln.

Diese Deutsche Edelziege pflückt sich gerade ihren Nachtisch.

Nach Hause geht's

Angenommen, Sie haben sich nun für eine Ziege entschieden, dann entsteht jetzt die Frage des Transports. Wenn der Weg nur per Auto zu schaffen ist, empfiehlt sich ein geschlossener Hänger. Um Herumstolpern und anderes zu vermeiden, werden der Ziege mit einem dicken Seil (dünnes schnürt ein) 3 Beine zusammengebunden, so kann sie sich immer noch abstützen. Auf keinen Fall darf sie im geschlossenen Kofferraum transportiert werden!

Wenn die Möglichkeit zum Fußmarsch besteht, braucht die Ziege ein breites Lederhalsband (alter Gürtel), an das sie schon einige Tage gewöhnt sein sollte, eine möglichst dunkel klingende Glocke (hohe Töne machen die Tiere nervös), damit sie leichter wiederzufinden ist, falls sie ausbüxt, und ein ca. 2–3 m langes Seil, das durch das Halsband gezogen und doppelt gehalten wird. Wenn die Ziege plötzlich und heftig zieht – loslassen! Sie können sie nicht halten.

Eine Dose mit Hafer ist ein gutes Lockmittel – wenn sie daran gewöhnt ist.

Ist sie trotzdem ausgebüxt – nicht treiben, die Ziege hält einen Fluchtabstand. Ruhig bleiben! 3 Personen und eine 2. Ziege können das Problem lösen. Ein U aus 3 Personen (also hinten und an den Seiten) treiben die 2 Ziegen in die richtige Richtung. 2 Ziegen sind leichter zu dirigieren als eine. Befahrene Straßen unbedingt vermeiden, da die Unfallgefahr zu groß ist!

Weiß die Ziege erst einmal, wo sie hingehört und wo ihre Weide ist, sieht die Welt schon anders aus. Innerhalb eines Tages hat sie sich blitzschnell orientiert. Das heißt aber auch, dass sie Nachbars Geranien registriert und für einen kurzen Ausflug eingeplant hat. Auf der Hut vor ausgefallenen Ideen müssen Sie jetzt immer sein.

Am besten, Sie beginnen wie eine Ziege zu denken!

Ist die Ziege ausgebüxt, hilft meistens ein Eimer mit etwas Hafer als Lockmittel.

Ziegen halten

Der Ziegenstall

Da Ziegen keine Unterwolle und nur ein dünnes Fell haben, wandern sie bei Nebel, Regen, Wind und Kälte auch tagsüber von allein in ihren Stall. Während für Schafe ein geräumiger, windgeschützter Unterstand genügt, haben Ziegen doch wesentlich höhere Ansprüche an ihre Unterkunft.

Wegen ihrer Kletterleidenschaft muss alles sehr stabil gebaut sein. Die Aufteilung kann wie im Schafstall vorgenommen werden, doch ist unbedingt darauf zu achten, dass die Ziegen nicht „eingepfercht" werden dürfen. Zum einen, weil sie viel mehr Zeit im Stall verbringen als Schafe, und zum anderen, weil sie ihren Abstand zueinander wahren müssen.

Die Ziegen haben es auch gern etwas wärmer. 8° C sind im Winter ideal. Ansonsten gelten die gleichen Regeln wie für andere Ställe auch: Hell, sauber, trocken, mit dicker Stroheinstreu sind Eigenschaften, die einen Stall zum Garanten für gesunde Tiere machen.

Schaf und Ziege bei der gemeinsamen Weidepflege.

Tüdert man Schafe oder Ziegen an, ist es wichtig, dass ein Wirbel dafür sorgt, dass das Seil endlos drehbar ist. Vorsicht! Seile werden schnell durchgeknabbert!

Ziegen und Schafe gemeinsam halten

Wenn Sie Ziegen und Schafe zusammen halten wollen, ist es eine Überlegung wert, sich bei den Schafen für die gehörnten Heidschnucken zu entscheiden. Das sorgt für ein gutes „Betriebsklima" im Stall. Schaflämmer, die nicht von der eigenen Mutter aufgezogen werden können, finden in Ziegenmüttern oft bereitwillige Ammen. Wenn auch das nicht funktioniert, kann die Ziegenmilch leicht abgemolken und mit der Flasche gefüttert werden, was auch wesentlich preiswerter als der Kauf von Lämmermilchpulver ist.

Ziegen füttern

Schafe und Ziegen können sich auf der Weide recht gut ergänzen. Schafe fressen nah am Boden und lieben saftiges Grün, während Ziegen lieber die schon leicht verholzten Pflanzenteile einer Weide in Angriff nehmen. Hier ein paar Kräuter, dort ein paar Blätter von einem Busch, blühende Brennnesseln und sogar Disteln, Gestrüpp, aber auch die Unterwäsche von der Leine, Hundefutter, allerlei Stibitztes aus dem Gemüsegarten oder der gesamte Mülleimer werden getestet und irgendwie wird alles hinuntergeschluckt. Ziegen sollten von Kaninchenställen fern gehalten werden. Erstens erschrecken sich die Kaninchen leicht über den übermütigen Besuch, und zweitens versuchen die Ziegen Stalltüren zu öffnen oder zumindest die Nippeltränken zu Boden zu werfen.

Mineralfutter und ein Salzleckstein – kupferfrei, wie für die Schafe –, sauberes Wasser, gutes Heu, Laubheu, Zweige und Haferstroh dienen als Grundfutter. Auch hier gilt: Nicht zu mastig, das heißt zu stärke- und eiweißreich füttern. Sojaschrot, Kleeheu, eine zu saftige Weide ohne die Möglichkeit , Heu und Stroh zu fressen, führen zu heftigem Durchfall.
Kraftfutter in Form von Hafer gibt es im Sommer bis zu max. 1 Pfund bei einer Milchziege. Vorsicht, die Tiere dürfen nicht verfetten ! Sie müssen langsam an den Hafer gewöhnt werden, sonst gibt es gefährliche Verdauungsstörungen. Trockenes, schimmelfreies Brot darf man ab und zu auch füttern.
Stehen die Tiere im Sommer bei schlechtem Wetter im Stall, muss mit der Sense Grünfutter geschnitten werden. Nicht zum Heu in die Raufe geben, das feuchte Futter verrottet und das Heu verdirbt. Auf dem Boden wird das Grünfutter nur zertreten und verkotet. Am besten bieten Sie ihnen in einem Holz- oder Steintrog so viel an, wie innerhalb eines halben Tages gefressen wird.
Im Winter dienen Rübenschnitzel, frische Steck- und Runkelrüben als Saftfutter. Zuckerrüben reduzieren die Milchleistung. Saubere Gartenabfälle und Obst, eventuell gehackt oder geschnetzelt, sind ebenso wie Trester sehr willkommen. Efeu, Kiefern-, Fichten- und Tannenzweige sind Leckerbissen.
Hafer gibt es im Winter etwas reichlicher. Die Gesamtheumenge pro Ziege und Jahr beträgt etwa 450–500 kg, Haferstroh als Futter und zur Einstreu etwa 500 kg.

Tipp

Silage

Silage wirkt sich immer auf die Milchqualität aus. Käseherstellung ist oft noch nach Tagen nicht möglich.

Butterblumen (Hahnenfuß) zeigen feuchten Boden an – da wird die Futterauswahl schwieriger.

In Ermangelung der Rocky Mountains wird auf Mama herumgeturnt.

Nachwuchs

Da die Paarung, Geburt und die Aufzucht des Nachwuchses sehr ähnlich wie bei Schafen abläuft, bitten wir Sie, die Details im Kapitel Seite 114 ff. nachzulesen.

Der Ziegenbock

Der Ziegenbock hat einen fragwürdigen Ruf. Zur Zeit der Brunft verwandelt er sich in der Tat zu einem widerwärtig stinkenden Bock mit einem vollkommen verklebten, eingesudelten Fell, dem sich kein Mensch nähern will. Immerhin – die Ziegendamen sehen das anders. Wer nicht 10 oder mehr Ziegen hält, sollte sich nicht mit der Bockhaltung belasten, zumal ein Bock mit 10 Ziegen nicht ausgelastet ist.
Es gilt also, in Ihrer Umgebung einen Ziegenhalter zu finden, dessen Bock nicht mit Ihren Ziegen verwandt ist. Die Ziegen werden dann etwa in der Mitte ihrer 3-tägigen Hitze zum Bock gebracht. Es wäre schön, wenn der Besitzer des Bockes es zulässt, dass Ihren Ziegen und seinem Bock ein Tag oder wenigstens ein paar Stunden Zeit gelassen wird. Zwar ist die Ziege nach einem Decksprung befruchtet, die Angst mancher Bockbesitzer aber, ihr Bock könne sich überanstrengen, ist doch etwas fragwürdig. Ein gesunder Bock kann ohne weiteres in der Brunftzeit 20 Ziegen pro Tag decken. So intelligenten und sensiblen Tieren wie den Ziegen darf man auch ein fantasievolles Liebeswerben zugestehen.
Wenn das alles nicht möglich ist, gibt es noch einen anderen Weg: Ziegenböcke sind schon mit 5 Monaten geschlechtsreif. Sie können entweder ein Böckchen aus eigener Nachzucht mit einem eines anderen Ziegenhalters tauschen (vorausgesetzt, die Tiere sind nicht verwandt), oder Sie versuchen, einen 5–8 Monate alten Jungbock zu bekommen. Dieser kann Ihre Ziegen decken und anschließend den Weg alles Irdischen gehen. Sein Fleisch ist in diesem Alter absolut genießbar. Es muss nur rechtzeitig abgesprochen werden, da niemand ohne Grund ein unkastriertes Ziegenbocklamm herumlaufen lässt.

Pflege

Klauenpflege, Innen- und Außenparasiten, die Kastration – siehe Kapitel Schafe 122 ff. Ihre Ziege wird es genießen, wenn Sie mit Bürste und Striegel verwöhnt wird.

Ein stolzer Ziegenbock (Deutsche Weiße Edelziege)

Ziegen- und Schafskrankheiten

Allgemein kann man durch Beobachtung der Tiere feststellen, ob sie krank sind. Warme Ohren bei Schaf und Ziege sind normal, kalte oder heiße zeigen Kreislaufprobleme und Fieber an. Zähneknirschen, Hinlegen, Aufstehen im ständigen Wechsel deuten auf Schmerzen hin. Laute Pansengeräusche sagen: Es ist alles in Ordnung! Sind sie nicht vorhanden, ist das Tier sehr krank, ebenfalls bei Fressunlust! Die normale Körpertemperatur (im After gemessen) sind bei Ziege und Schaf 38,5–40° C.

Blähungen

Anzeichen: Blähungen, aufgetriebener Bauch.
Ursache: Unsachgemäße Fütterung, zu frisches beziehungsweise zu feuchtes Futter. Wenn die Schafe nach dem Winter auf die Weide kommen. Bei zu mastiger oder kleehaltiger Weide.
Behandlung: Antiblähmittel vom Tierarzt , Kümmelabkochung ins Trinkwasser.

Blutmelken

Anzeichen: Blutgerinsel in der Milch.
Ursache: Rabiate Behandlung durch die Lämmer haben Blutgerinsel verursacht. Oder durch sehr heftiges Anschwellen des Euters vor dem Ablammen sind Äderchen geplatzt. Wenn die Milch nur leicht rosa erscheint, arbeiten bei Erstlingsmutterschafen die Milchdrüsen noch nicht richtig. In diesem Fall ist es unbedenklich.
Behandlung: Lämmer sofort absetzen, einige Tage nur Heu füttern, um die Milchproduktion zu reduzieren, mit Eutersalbe einreiben. Die rosa Milch kann auch an das Geflügel, den Hund oder die Katze verfüttert werden.

Wer von den Beiden wohl mehr Freude hat?

Breinieren

Anzeichen: Lähmungen, Durchfall, nervöse Störungen, innerhalb weniger Stunden tödlicher Verlauf. Die Breinieren sind beim Öffnen des Kadavers der Beweis für die Todesursache.
Ursache: Bakterienart, die im Darm und im Erdboden vorkommt und bei zu eiweißreicher Ernährung den Körper vergiftet. Tritt fast nur bei gut genährten Lämmern und Jungtieren auf.
Therapie: Nicht möglich.
Verhütung: Kombinationsimpfung der trächtigen Mutterschafe oder der 4-wöchigen Lämmer gegen Wundstarrkrampf und Breinieren. Der Impfschutz tritt nach 2–3 Wochen ein.
Vorsicht mit zu eiweißreicher Fütterung (Milch, Kraftfutter, Klee, Hafer). Genügend Raufutter und Laub anbieten. Überdüngte Weiden vermeiden.

Durchfall

Anzeichen: Breiiger bis flüssiger Kot, verschmierter Schwanz und Afterbereich.
Ursache: 1) Leichte Durchfälle, die nicht von Würmern herrühren, können durch zu plötzliche Futterumstellung (Weide nach der Winterstallhaltung) entstehen.
2) Vergiftungsdurchfall durch scharfen Hahnenfuß (Ranunculus acer) oder Eisenhut (Aconitum).
Behandlung: 1) Heufütterung vor dem Weidegang. Eichenlaub füttern!
2) Wermutblätter und Eichenlaub verfüttern.
3) Oralpädon oder Ähnliches aus der Apotheke, Kamillentee, etwas schwarzer Tee, für Lämmer in der Flasche. Öfter und in kleinen Mengen verabreichen.

Euterentzündung (Mastitis)

Anzeichen: Meist ist nur eine Euterhälfte befallen, das heißt sie ist heiß, rot, vergrößert, fest und im schlimmsten Fall blaurot. Es kann sich dabei um die bösartige infektiöse Euterentzündung handeln, die sehr schnell zu einem qualvollen Tod führen kann.

Ursache: Unsaubere Einstreu, (Keime wandern in den Strich). Unsachgemäßes oder nicht vollständiges Ausmelken, brutale Lämmer.

Behandlung: Sofortige Behandlung durch den Tierarzt mit Antibiotika direkt in den Strichkanal. Eutersalbe (Kampfer, Latschenöl) und abwechselnd Silbersalbe (Argentummetall, 0,4 % von Weleda) vorsichtig einmassieren. Nach einem Tag ständig ausmelken. Schaf in Einzelbox halten bei sehr sauberer Einstreu. Die Lämmer separat halten und mit Ersatzmilch füttern.

Bei nicht infektiöser Euterentzündung ebenfalls Einzelbox ohne Lämmer. Ganz wichtig: Es muss immer wieder ausgemolken werden! Wie oben das Euter mit durchblutungsfördernden Salben massieren. 2 x täglich in Wasser verdünnte Eingabe von 1 Teelöffel Obstessig (ein Schuss ins Trinkwasser ist immer gesundheitsfördernd). Um die Milchproduktion zu reduzieren, wird über mehrere Tage nur Heu gefüttert.

Verhütung: Euterkontrolle schon vor dem Ablammen. Bei Rötung Ringelblumensalbe. Nur in extremen Fällen etwas abmelken, da Melken Einfluss auf Wehen hat. Bei Euterverletzung sofort die Lämmer absetzen und separat füttern.

Wenn die Lämmer zu brutal sind, kann sich das Euter entzünden.

Lahmheiten

Anzeichen: Hinkende Schafe.
Ursache: 1) Moderhinke (siehe Moderhinke).
2) Fremdkörper im Zwischenklauenspalt: Steinchen, harte Erdklumpen oder ein Dorn.
Behandlung: Fremdkörper entfernen.

Moderhinke

Die Moderhinke wurde bereits bei der Klauenpflege erwähnt, braucht aber noch ein paar Erklärungen.
Anzeichen: Im Zwischenklauenspalt entwickelt sich eine stinkende, schmierige Flüssigkeit, die bei Druck entweicht. Ist sie weiter fortgeschritten, haben die Schafe Schmerzen und bevorzugen es, im Knien zu grasen. Normalerweise ist diese im kranken Zustand graue Zwischenklauenhaut rosa.
Ursache: Die Erreger der Erkrankung sind Bakterien. An Moderhinke erkrankte Schafe verbreiten die Erreger auf der Weide, wo er 14 Tage überleben kann.
Behandlung: Ein Fachmann muss den Huf sehr gründlich ausschneiden. Eintauchen der Klauen in Formaldehyd-Lösung, Blauspray oder das Auftragen einer Kupfervitriolsalbe soll die Erreger abtöten. Quarantänehaltung ist wichtig. Klauendesinfektion in kurzen Abständen wiederholen.
Die benutzte Weide kalken und 4 Wochen nicht benutzen, ebenso die Wege zur Weide.
Vermeidung: Auf eine gesunde Weide achten: moosfrei, trocken, nicht überdüngt. Neu zugekaufte Tiere erhalten einen Klauenschnitt und eine Klauendesinfektion auf dem Hof des Verkäufers. 14 Tage Quarantäne auf dem eigenen Hof.

Sonnenbrand

Anzeichen: Hautrötungen und Schuppen der Haut. Nase, Euter und Schwanzbereich und die nun nach der Schur nackten Teile der Beine können davon betroffen sein.
Ursache: Heftige Sonneneinstrahlung, nicht ausreichend Schatten.
Behandlung: Betroffene Partien mit Melkfett einreiben.
Tiere über Mittag im Stall halten. Größe des Unterstandes auf der Weide überprüfen!
Aloe vera-Mark direkt von der Pflanze ist das beste Mittel bei Sonnenbrand.

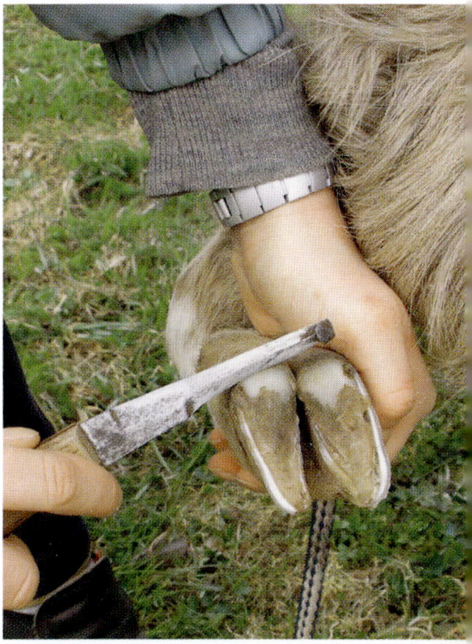

So sieht eine gesunde Klaue aus. Wenn Sie ein Schaf oder eine Ziege kaufen, achten Sie darauf, dass die Klauen ausgeschnitten sind.

Rosa Nasen bekommen leicht Sonnenbrand.

Verwertung von Schaf und Ziege

Die Milch

Gesunde Schafsmilch

Der extrem hohe Anteil an Orotsäure, auch als Vitamin B 13 bekannt, ist der wohl entscheidende Unterschied zu anderen Milcharten. Orot kommt von dem griechischen Wort oros für Molke. Orotsäure fördert die Aufnahme von Magnesium, wirkt Arteriosklerose entgegen, baut Zellkerneiweiß auf, fördert also das schnelle Wachstum von gesundem Gewebe, vor allem bei Leberschädigungen, und normalisiert die Blutbildung.

Die Vitamine A, PP, C und F und Biotin H sind überdurchschnittlich hoch vertreten. Der Anteil der Aminosäuren ist dem der Stutenmilch vergleichbar und damit etwa 1/3 höher als in der Kuhmilch. Weitere antivirale Stoffe werden vermutet, da Hepatitisviren gut mit Schafsmilch behandelt werden können.

Auch der Fettgehalt der Schafsmilch ist mit mindestens 5–6 % extrem hoch (Vitamin A kann nicht ohne Fett verwertet werden).

Info

Krebsresistenz

Die Forschung interessiert sich für die Zusammensetzung der Schafsmilch. Schafe, die von Natur aus krebsresistent sind, produzieren bei natürlicher Ernährung (Rispengras, Hafer) eine nach Bittermandel duftende Milch. Rispengräser enthalten einen hohen Anteil an Amygdalin, das auch Bestandteil des Bittermandelöls ist und als krebshemmend gilt. Evtl. ist die Ernährung Ursache für die Krebsresistenz.

Zusammensetzung der Milch

	Fett	Eiweiß	Orotsäure	Salz	Wasser
Kuh	3,5–4 %	3,50 %	100 mg/l	0,70 %	87,70 %
Ziege	3,3–3,6 %	3,50 %	63 mg/l	0,80 %	87,30 %
Schaf	6–6,5 %	4,60 %	350–450 mg/l	1,00 %	84,70 %

Vitamine je Liter

	A	B1	B2	PP	B12	Biotin H	C	F
Kuh	0,3 mg	0,36 mg	1,8 mg	0,87 mg	5,4 µg	35,0 µg	14,7 mg	11,3 g
Schaf	0,5 mg	0,48 mg	2,3 mg	4,5 mg	5,1 µg	90,0 µg	42,5 mg	47,2 g

Diese Zahlenangaben sind Durchschnittswerte und stark von Futter- und Haltungsbedingungen abhängig.

Die Ziegenmilch

Die Ziegenmilch ist leicht verdaulich, was unter anderem daran liegt, dass die Fettmoleküle der Ziegenmilch wesentlich kleiner sind als die der Kuhmilch. Agglutinin bewirkt ein Zusammenballen der noch dazu größeren Fettmoleküle in der Kuhmilch. Da in Ziegenmilch kein Agglutinin vorhanden ist, bleibt die Milch erstens leicht verdaulich und zweitens setzt sich die Sahne darum auch nur sehr langsam ab.

Beim Homogenisieren werden unter anderem die Fettkügelchen zerschlagen, was ebenfalls das Absetzen der Sahne verhindert.

Außer Agglutinin sind in der Kuhmilch noch spezielle Eiweißstoffe enthalten, die es in der Ziegenmilch nicht gibt. Kuhmilchallergien können durch diese Eiweißstoffe ausgelöst werden (Asthma, Durchfälle, Hautekzeme). Es kommt auf einen Versuch an, ob Ziegenmilch stattdessen vertragen wird.

Ziegenmilch	Kuhmilch
–	enthält Agglutinin
–	allergieauslösende Eiweißstoffe
Kalzium, Magnesium, Phospor, Kalium, Chlorid reichlich vorhanden	in der Kuhmilch wesentlich weniger
Vitamin A reichlich vorhanden	vorhanden
Betakarotin fehlt (weiße Farbe der Milch und der Butter)	vorhanden
Eiweiß reichlich	Eiweiß reichlich
Vitamine B6, B12, C, D, Folsäure = zu wenig	

Natürlich hängen Qualität und Zusammensetzung der Milch auch immer von der Haltung und Fütterung ab.

Melken

Wie bei jedem Umgang mit Tieren sind Ruhe und Freundlichkeit, aber auch bestimmtes und konsequentes Handeln wichtig. Es gibt Milchschafe und Ziegen, die stellen sich breitbeinig hin, lassen sich ausmelken, kauen dabei wieder und machen der Nächsten Platz. Wunderbar, aber nicht unbedingt die Regel. Besonders bei Ziegen:

Wenn das Euter drückt, kommt die Ziege gern, zumal es beim Melken etwas zu Fressen gibt.

Die Ziege steht auf dem Melktisch und ist vorne angebunden. So kann der Mensch bequem melken.

Die springen auf den Melktisch, fressen ratzfatz ihre Körnerration, treten währenddessen „aus Versehen" in den Melkbehälter und schwupp sind sie mit einem sehr witzig gemeinten Bocksprung wieder weg. Oder sie fressen einem in einer Anwandlung mütterlicher Zärtlichkeit die Haare vom Kopf.

Sie können auch ganz brav bis zum Schluss sein und dann in aller Ruhe einen Fuß in die Milch stellen. Auf unseren Aufschrei reagieren sie mit einem fragenden Blick. Es gibt aber auch Katzen, die sich ausgerechnet dann vor die Ziege setzen und sich betont entspannt putzen. Um diese Aufregung auf ein Minimum zu reduzieren, ist ein Melkstand zu empfehlen, bei dem die Ziege oder das Milchschaf am Halsband beziehungsweise Halfter mit einem kurzen Seil an einem Wandhaken festgebunden werden.

Es ist vorteilhaft, den Melkstand aus Hygienegründen in einem angrenzenden Raum unterzubringen. Hygiene ist oberstes Gebot beim Melken und bei der Milchverarbeitung. Das gilt auch für die Stallluft, die nicht durch frische Einstreu verstaubt sein darf, aber auch für alle Melkutensilien und natürlich für unsere Hände und Fingernägel, die nicht nur sauber, sondern auch kurz geschnitten sein müssen, um Euterverletzungen zu vermeiden.

Fütterung der Raubtiere

Tipp

Für die Katz'

Die ersten Milchstrahlen müssen immer separat ausgemolken werden – die Katze freut sich. Abgesehen von unerwünschten Keimen, die sich in den ersten Milchstrahlen befinden können, kann man auch erkennen, ob die Milch flockig ist, was sie für den Verzehr unbrauchbar macht, da eine Euterentzündung vorliegt und entsprechend behandelt werden muss.

Melkvorbereitungen

Das Euter wird jetzt aufgerüstet, das heißt, es wird, falls nötig, abgewaschen oder vorsichtig gebürstet, Melkfett mit beiden Händen großflächig einmassiert und dann mit der flachen Hand leicht geschlagen oder gestupst, ähnlich, aber nicht so brutal, wie es manche Lämmer machen. Dabei reagiert das Tier mit einem Reflex und „lässt die Milch fallen". In Stresssituationen zieht es die Milch regelrecht hoch. So kommt garantiert keine Milch. Mit etwas Erfahrung spürt man, wenn die Ziege die Milch fallen gelassen hat, und beginnt zügig mit dem Melken. Außer der nun hier beschriebenen Art gibt es noch andere Melkweisen, die jedoch nicht korrekt sind, da sie zu Euterproblemen führen.

Richtig melken

Es sollen, wenn möglich, beide Euterhälften gleichzeitig ausgemolken werden, das verkürzt den Melkvorgang und verhindert das zu schnelle Wiederhochziehen der Milch.

Stellen Sie sich jetzt einen Harfespieler vor – die Finger sind leicht ausgestreckt und schließen sich in einer fließenden Bewegung, beim Melken nur vom Zeigefinger zum kleinen Finger, nie umgekehrt. Die Zitze wird dabei gegen den Daumenballen gedrückt. Wichtig ist, dass Zeigefinger und Daumen die Zitze ganz weit oben fest umklammern, das Euter dabei leicht nach oben stupsen und diese Umklammerung erst lösen, wenn der kleine Finger gedrückt hat.

Man kann sich auch einen mit Wasser gefüllten Luftballon vorstellen. Die Flüssigkeit darf auf keinen Fall ins Euter zurückgedrückt werden. Wenn die Zitzen zu kurz für die ganze Hand sind, bearbeitet man sie nur mit Zeigefinger, Mittelfinger und Daumen, was natürlich sehr viel mühseliger ist. Abwechselnd wird rechts–links, rechts–links gemolken.

Zwischendurch muss immer wieder leicht angestupst werden, wenn die Milch hochgezogen wird. Gerade anfangs wird es der Ziege oder dem Schaf zu lange dauern, sie wird ungeduldig und will weg.

Es ist aber ganz wichtig, vor allem, wenn keine Lämmer saugen, dass das Euter richtig ausgemolken wird. Es kann sonst leicht zur Euterentzündung kommen. Außerdem ist die letzte Milch die fetteste.

Nach dem Melken wird die Milch sofort aus dem Stall gebracht und über einen Wattefilter (der auch für Kuhmilch benutzt wird) in ein Sieb laufen gelassen. Der Filter schmeckt anschließend den Katzen.

Milchverwertung

Täglich etwa 3 Liter Ziegenmilch ungefähr 8 Monate im Jahr liefert Ihnen eine durchschnittliche Ziege.

Bei großen Schafmilchbetrieben fällt der Melkstand etwas größer aus. Auch hier wird per Hand vorgemolken, den Rest erledigt die Melkmaschine.

Durchschnittliche Milchmenge pro Jahr:

Schaf	Ziege
500–1200 l	700–1200 l

Die Milch der Ziege kann wie Kuhmilch im Haushalt verwendet werden. Schafsmilch muss zum Kochen verdünnt werden. Sie entspricht in Farbe und Konsistenz etwa der Kondensmilch.
Für die weitere Zubereitung von Dickmilch, Joghurt und den vielen Käsearten empfehle ich die überaus ausführlichen und praktischen Anwendungshilfen und Rezepte von Ida Schwintzer und ihrem Buch „Das Milchschaf", Ulmer Verlag. Ihr Kapitel über die Wollverwertung ist ebenfalls lesenswert.

Schlachten

Die Schlachtung, das Abziehen des Fells, das Gerben sind bei den Fachleuten besser aufgehoben. Übrigens gehört Lammfleisch von Ziege und Schaf zu den großen Köstlichkeiten und ist neben Kaninchenfleisch und Huhn sehr gesund.
Die Verarbeitung des Wollvlieses bis zur gesponnenen Wolle ist aufwändig und sollte in speziellen Kursen und mit speziellen Fachbüchern erlernt werden.

Adoptiert!

Gerben

Bei der Fellverwertung kann man es beim dünnen Ziegenfell mit einer Alaungerbung versuchen. Wenn Sie Erfolg damit haben, können Sie es ja einmal mit einem Schaffell probieren.
Das Ziegenfell wird vorsichtig vom Schlachtkörper getrennt. Außer für den Rücken brauchen Sie dazu ein scharfes Messer, mit dem die Haut aber nicht verletzt werden soll, was am Anfang unvermeidbar sein wird. Dieses Fell wird sofort in reichlich Wasser vom Blut gereinigt und 24 Stunden an einer luftigen und hunde- und katzensicheren Stelle über ein Rundholz gehängt. Anschließend werden Fleisch- oder Fettreste entfernt und 1 Pfund Alaun (Apotheke: Mengenrabatt aushandeln!) in die Lederseite gerieben. Nun wird das Fell wie ein Briefumschlag zusammengefaltet, sodass Haut auf Haut liegt. Zu einem kleinen Päckchen zusammenfalten und 4 Wochen in einem kühlen, ungezieferfreien Raum ruhen lassen. Wenn das Fell reif ist, lassen sich die Hautschichten abziehen, bis das helle Leder erscheint. Ein Bimsstein erleichtert diese Arbeit. Dieses Fell kann gewaschen werden. Wenn es danach zu hart ist, einfach wieder mit dem Bimsstein bearbeiten.

Mist als Dünger

Der Mist der Ziege ist noch etwas trockener als der des Schafes. Von den Düngeeigenschaften sind sie etwa gleichwertig. Sie sollten kompostiert werden – eine Lage Strohmist, eine Lage Erde im Wechsel – auf fester Unterlage gegen das Auswaschen ins Grundwasser. Wie bei jedem Kompost sollte er im Schatten angelegt und einmal umgeschichtet werden. Bei günstiger Witterung ist er in einem Jahr, beziehungsweise vom Frühjahr zum Herbst, gar und kann vor allem bei stark zehrenden Pflanzen ausgebracht werden.

Soll die Ziege Milch geben, braucht sie regelmäßig Nachwuchs. Da man nicht alle Lämmer behalten kann, werden sie geschlachtet.

Esel

Wie Esel sind

> *„Dass man von der Arbeit reich wird, glaube ich nicht, sonst müsste der Esel ja reicher sein als der Müller!“*
>
> Mecklenburgisches Sprichwort, ins Hochdeutsche übersetzt.

Esel waren immer äußerst genügsame und ausdauernde Arbeitstiere.

Was die Ziegen bei den Boviden (Wiederkäuern), sind die Esel bei den Equiden (Familie der Pferdeartigen). Dazu gehört der Hausesel, der vom afrikanischen Wildesel abstammt. Hausesel gibt es etwa seit dem 7. Jahrtausend v. Chr., Mulis, also Maultiere (Pferdestute und Eselhengst), und Maulesel (Eselstute und Pferdehengst) gibt es seit etwa 1000 v. Chr.

Esel sind Herdentiere, doch sie haben auch ihre eigenen Vorstellungen. Wenn das Pferd in Panik flüchtet, bleibt der Esel stehen und prüft die Situation.

Wie die Ziege möchte der Esel Gesellschaft. Es darf auch eine Ziege, ein Schaf, ein Pony oder ein Hund sein. Doch er schließt sich auch gern dem Menschen an.

Esel bevorzugen Weiden mit trockenem Boden. Sie sind beim Überwinden extremer Klettersituationen sehr geschickt, denken und handeln situationsabhängig und lassen sich dabei vom Menschen nicht irremachen. Sind sie verletzt und brauchen Hilfe, sind sie so klug und diszipliniert, sich helfen zu lassen, ohne den Helfer in Gefahr zu bringen. Bei der Arbeit im Geschirr geht der Esel ebenfalls klug und umsichtig vor.

Wenn es eine Last zu ziehen gilt, beginnt er mit langsam sich steigerndem Zug. Als Wächter des Viehs gegen Raubtiere und menschliche Räuber hat er einen guten Ruf in Afrika, in den USA und mittlerweile auch in Kanada. Er keilt sehr gezielt mit den Hinterläufen aus und beißt nach Bedarf. Das alles in ganz gefasster Gemütslage und ohne Lautäußerungen.

Singender Esel

Mitteilsames Langohr

Trotzdem ist sein Hang zu Lautäußerungen so extrem, dass die Nachbarn möglicherweise in die Großstadt ziehen werden oder den Prozess gewinnen. Erstens singt der Esel gern, einfach so. Man kann ihn „ansingen". Es genügt ein „I" zur Inspiration, und der Esel vollendet zum i-AH. Er atmet ein und singt dabei sein „I", er atmet aus und das „AH" vollendet das Gesangsstück. Weil es so beeindruckend klingt, wird es gleich 5- bis 10-mal wiederholt. Zum Abschluss gibt es etwa ebenso viele grunzende Seufzer.

Zweitens setzt der Hengst seine Sangeskunst ein, wenn er auf eine deckbereite Eselin trifft. Er schreit ihr seine Liebeserklärung direkt ins geöffnete Maul. Jetzt kann ein schier endloser Wechselgesang beginnen.

Begrüßung unter Eseln: Nase an Nase wird geschnuppert, wer der andere ist.

Eselrassen

Es gibt viele Rassen, noch mehr Mischungen und jede Menge unseriöse Händler, die Esel auf sehr fragwürdige Weise aus ebenso fragwürdigen Haltungsbedingungen kaufen und nach stressigen Transporten wieder verkaufen – an ahnungslose Tierfreunde. Darum zum Schluss eine Adresse, an die Sie sich wenden können.
Da der Esel aus den heißen Regionen Afrikas stammt, wurden seine Nachfahren hauptsächlich im südlichen Europa gezüchtet. Im eher nasskalten Deutschland gibt es keine Rassezucht, sondern angepasste Mischungen, die, in Typengrößen eingeteilt, bestimmten äußerlichen und charakterlichen Merkmalen entsprechen müssen, um für die Zucht zugelassen zu werden.

Ähnliches gilt für England. In beiden Ländern wird kaum mehr mit Eseln gearbeitet. Freizeitgestaltung und Hobbylandwirtschaft sind die neue Klientel.
Es gibt im südeuropäischen Raum wenig anerkannte Rassen, allesamt Großesel und erst seit Ende der 90-er Jahre wurden mit winzigen Restbeständen zahlreiche alte Rassen zugelassen, was leider auch oft zu Zuchtproblemen führt.
Zu den bekanntesten französischen Rassen gehört der „Baudet du Poitou", der seit 1884 allein für die Maultierzucht dient. Obwohl er mit seiner enormen, zotteligen Mähne und bis zu 450 kg Gewicht äußerst robust aussieht, ist er sehr krankheitsanfällig. Bei der Nachzucht mit Pferdestuten vererbten sich diese negativen Eigenschaften nicht und blieben darum unbeachtet.
Das sicher berühmteste Maultier entstand aus dem „Baudet du Poitou" – Eselhengst und der Kaltblutstute „Le trait Mulassier" – das „Poitou-Maultier".
Mulis werden auch heute noch bei den Schweizer Gebirgstruppen eingesetzt. Die Spanier haben den großen, weißen „Andalusischen Riesenesel" zu bieten, den direkten Nachfahren des ausgestorbenen Ägyptischen Riesenesels und den größten Esel der Welt, den schwarzen „Katalanen", von dem auch viele italienische Rassen und der amerikanische „Mammoth Jack" abstammen. Von beiden Rassen gibt es zurzeit etwa je 100 reinrassige Exemplare.
Der „Mammoth Jack" ist die einzige anerkannte Eselrasse in den USA mit über 2500 Tieren weltweit neben den offiziell anerkannten Minieseln mit 78 cm Widerristhöhe. Der „Sardinische Esel" stellte die Grundlage der Minieselzucht in Amerika und England.
Die „Deutschen Zuchtesel" werden von der IGEM (Interessengemeinschaft der Esel- und Mulifreunde) nach einem Standard bewertet, der Gesundheit, Leistungsfähigkeit und gute Charaktereigenschaften bewertet. Über 2000 Tiere sind mittlerweile im Stammbuch eingetragen. Im Zuchtbuch gibt es über 100 Tiere, die mit einem Mikrochip gekennzeichnet werden. Unsere „Hausesel" entstammen einer wahllosen Mischung aller nur denkbaren Eselrassen, was zu einer Einteilung nach Größe geführt hat.

Esel sind wahre Freigeister!

Einteilung nach Größen (Stockmaß)

	Zwergesel	Normalesel	Riesenesel
Deutschland und Schweiz	bis 105 cm	bis 135 cm	über 135 cm

Auswahl des Esels

Wenn Sie sich für Eselhaltung entscheiden, wird es zur Freizeitgestaltung sein. Vielleicht möchten Sie auch einen oder zwei der lieben Gesellen vor einen Karren spannen oder reiten. Geduld und Humor gehören auf jeden Fall dazu, denn Esel lernen in ihrem Tempo. Jedenfalls muss man sich darüber im Klaren sein, dass Futter, Tierarzt und Hufschmied pro Jahr etwa 800,– Euro kosten werden, Zäune, Weidepflege und Stallinstallierung nicht mitgerechnet. Hengste sollten nur vom Züchter gehalten werden. Man rechnet etwa 40 Stuten pro Hengst. Zwei liefern sich heftige Rivalenkämpfe und können daher nicht zusammen gehalten werden.
Eine Stute muss vom Hengst getrennt gehalten werden, da das Liebesspiel so heftig ist, dass nur erfahrene Halter die richtigen Gegebenheiten dafür bieten können. Außerdem würde eine Stute allein die Situation nicht lange ertragen können. Auch die Fohlen müssen vom Hengst getrennt werden.
Die Eselstute ist während ihrer alle 19–23 Tage wiederkehrenden Rosse gegenüber anderen Haustieren teilweise sehr aggressiv und bissig. Fohlen müssen mit Artgenossen gehalten werden, damit sie untereinander Eselmanieren lernen können. Doch nicht nur in der Herde bedarf es einiges an Erziehung. Sie müssen auch lernen, wie

Reiten und Fahren will gelernt sein.

Gut verschnürt – die Kunst des Aufzäumens

man sich Menschen gegenüber verhält. Die Rabauken sind erst mit 4 Jahren so weit entwickelt, dass sie eingefahren oder eingeritten werden können.

Gutmütige Wallache

Aus dem eben Beschriebenen geht hervor, dass nur wenige ausgewählte Eselhengste für die Zucht gebraucht werden und darum die Hengstfohlen kastriert werden sollten.
Das geschieht im Alter von 3 Monaten oder geringfügig später und muss vom Tierarzt durchgeführt werden. Nach dieser Operation haben die Fohlen noch einige Tage Beschwerden. Die Nähe ihrer Mutter wird ihnen gut tun. Je älter der Hengst ist, umso schwerer ist die Heilung. Älteren Hengsten müssen auch die Nebenhoden entfernt werden, sonst sind sie zwar steril, aber durch die fortgesetzte Testosteronproduktion verhalten sie sich weiter wie Hengste.
Ein Wallach, also ein kastrierter Hengst, ist 4 Wochen nach der OP friedlich und umgänglich.

Tipp

Der richtige Esel für Neulinge

Zu empfehlen wäre demnach ein gut erzogener, etwa 8–10-jähriger Wallach, der das Leben kennt und gelassen in die Welt blickt. Gut gehaltene Esel werden übrigens 30–40 Jahre alt, da bleibt noch ausreichend gemeinsame Zeit.

Esel halten

Unter feuchten, kalten Lebensbedingungen fühlen sich Esel nicht wohl. Ihre Heimat ist trocken und warm. Temperaturen um 0° C werden aber noch gut ertragen. Regen, Nebel und Feuchtigkeit belasten Esel mehr als Pferde. Sie müssen sich aber auch vor zu starker Sonneneinstrahlung und Hitze in einen Unterstand oder unter einen großen Baum zurückziehen können. Für die Größe des Unterstandes rechnet man etwa 3,30 m² pro Esel. Der Auslauf muss pro Esel mindestens 800 m² betragen. Viel betretene Stellen im und um den Unterstand etwa, um die Tränke oder vor dem Stall schüttet man am besten mit Sand auf, der alle paar Jahre erneuert werden muss.

Nasser Matsch ist ideales Wurm- und Bakterienzuchtgebiet und eine Katastrophe für die Hufe. Krankheiten sind schnell vorprogrammiert. Aber das gilt ja auch für unsere Schafe und Ziegen.

Esel brauchen magere Weiden.

Der richtige Zaun

Auch für Esel sind Zäune eine Herausforderung. Es gilt immer herauszufinden, was jenseits des Zaunes ist.

Wer etwa 5000 m² hinterm Haus einzuzäunen hat und auch an das Federvieh denken muss, dem empfehle ich einen hohen Maschendrahtzaun mit Hasendraht im unteren Bereich. Oben kann man einen Draht mit Stromführung laufen lassen. Dann folgt nach innen die Naturholzhecke aus Weiden, Hainbuche, Hasel, Schlehe, Weißdorn, Schwarzdorn, Hagebutte, Himbeere und Brombeere. Auf keinen Fall Taxus und Thuja (Eibe und Lebensbaum) anpflanzen. Sie sind für Esel hochgiftig und trotzdem neigen diese dazu, sie zu fressen.

Wer die Weide unterteilen will oder wessen Hecke noch ein wenig Schutz braucht, der kann es mit Elektrolitze versuchen. Die Tiere (auch Schaf und Ziege) müssen herangeführt werden, um den – nicht gesundheitsschädlichen – Schlag an der Schnauze zu spüren. Am einfachsten sind Kunststoffstangen, für die keine Isolatoren mehr gebraucht und 3–4 Litzen in gleichen Abständen übereinander gezogen werden. Die unterste Litze muss mindestens 30 cm über dem Boden sein. Entlang des Zaunes sollte freigesenst werden. Solarbetriebene Batterien sind zu empfehlen. Der Elektrozaun allein ist nicht zuverlässig genug, um Ausbrüche zu vermeiden!

Holzzäune sind für Esel kein wirkliches Hindernis, da sie leidenschaftliche Nager sind.

Wichtig!

Giftpflanzen

Folgende Pflanzen sind für Esel giftig:

- *Thuja*
- *Eibe*
- *Kirschlorbeer*
- *Scheinakazie*
- *Lupinen*
- *Oleander*
- *Goldregen*
- *Echte Tollkirsche*
- *Fingerhutarten*
- *Herbstzeitlose*

Sehr ungesund sind:

- *Eichen und Eicheln*
- *Ginsterarten*
- *Hahnenfußgewächse*
- *Johanniskraut*
- *Liguster*
- *Maiglöckchen*
- *Rainfarn*
- *Rhododendron*
- *Rotbuche*
- *Saat-Platterbsen*
- *Schnittlauch*
- *Seidelbast*
- *und einige Kräuter, die am Wasser wachsen*

Ist die Weide weit weg, muss regelmäßig kontrolliert werden, ob Müll über den Zaun geworfen wurde. Esel stehen den Ziegen in nichts nach, wenn es darum geht, Fremdes zu untersuchen. Leder, Stoffe, Hölzer, Blech und Plastik können gefährlich werden. Auch füttern Spaziergänger gern die Tiere, was unkontrolliert zu heftigen Gesundheitsproblemen führen kann – eine schöne Hecke schafft da Abhilfe.

Das Zauntor muss all diese Überlegungen mit einbeziehen. Weder unerwünschte Besucher noch Schafe, Ziegen oder Esel sollten in der Lage sein, Verschlussriegel zu öffnen oder darüber zu klettern.

Karge Weiden

Aus ihrer südlichen Heimat sind Esel über Jahrtausende an bestimmte Lebens- und Futterbedingungen gewöhnt. Sie sind reine Vegetarier, keine Wiederkäuer, haben nur einen relativ kleinen Magen und keine Galle. Sie brauchen daher ständig kleine Mengen zu fressen und öfter am Tag – je nach Wetter – frisches Wasser. An Bächen oder Flüssen zu trinken, müssen manche Esel erst lernen.

Baudet du Poitou gehören zu den größten Eselrassen und zeichnen sich durch ihr langes, zotteliges Fell aus.

In ihrer Heimat fressen sie Hartgras, Gebirgssträucher, Dornbüsche und Disteln auf einem relativ steinigen und trockenen Gelände. Je mehr die Weide diese Ansprüche befriedigt, umso besser. Das Gras sollte nach Möglichkeit nicht höher als 30 cm stehen, sonst wird es zertrampelt. Das gleichzeitige Beweiden von Wiederkäuern und Nichtwiederkäuern, also z.B. Schafe und Ziegen zusammen mit Eseln oder Pferden, hat den Vorteil, dass ein Großteil der Esel-Innenparasiten im Verdauungssystem der Wiederkäuer zu Grunde geht. Zur Pflege der Grasnarbe sind sie als Weidepartner ebenfalls ideal.

Fenster mit Ausblick

Der Stall

Ein Eselstall sollte einen warmen Boden aus Hartholzwürfeln oder Ziegelsteinen haben, der reichlich mit Weizenstroh eingestreut ist. Sowohl bei Heu als auch beim Stroh sollte man sich nach der Anbauweise erkundigen. Wegen der diversen Spritzmittel wäre es für alle Tiere besser, Einstreu aus biologischer Landwirtschaft zu verwenden. Sägespäne oder Sägemehl sind auch sehr saugfähig. Bei Eseln mit einer Widerristhöhe von 110–120 cm muss man 5 m^2 pro Esel für den Stall rechnen. Elektroleitungen müssen absolut unerreichbar für die Knabbermäuler verlegt werden. Eine Infrarotlampe sollte für besonders kalte Zeiten und für die älteren Jahrgänge installiert sein. Eine Pferdedecke gegen Regen und Kälte kann bei älteren Eseln oder bei besonders widriger Witterung notwendig werden.

Für die Stalleinrichtung und die Stallwände muss bedacht werden, dass ein Esel plötzlich und unerwartet nach jahrelanger Sittsamkeit sich dazu entschließen kann, die Holzteile zu zerlegen. Darum dürfen erstens keine giftigen Imprägniermittel verwendet werden und zweitens muss der Stall sehr stabil gebaut werden. Wer kann, sollte die Wände des Eselstalls aus Stein bauen. Das Dach wird wegen der Kondenswassergefahr im Winter trotzdem besser aus Holz errichtet.

Außer der besseren Wärmeisolierung braucht der Esel einen Stall wie die Schafe und ähnlich wie die Ziegen, außer dass Sie wahrscheinlich keine speziellen Buchten für Mutter und Kind brauchen werden.

Frischluftzufuhr, von den oberen Wandaussparungen etwa oder von weiter oben gelegenen Fenstern, die man kippen kann, Licht und keine Zugluft sind wichtige Voraussetzungen, dass die Tiere gesund bleiben.

Esel füttern

Die Fütterung der Esel ist vergleichbar mit der von Kleinpferden und Ponys.

Ein Salzleckstein oder ins Futter gestreute Mineralien dürfen nicht vergessen werden. Stroh, Heu, trockenes Brot und Kartoffeln in einwandfreiem Zustand, also schimmelfrei und frei von Verschmutzungen und Erde, gehören zum Basisfutter, jedoch nur in kleinen Mengen. Auch frisches Wasser sollte stets verfügbar sein. Grünzeug, Gemüse, Obst, Rinde, Äste, Hecken, Sträucher und Zierpflanzen werden ebenfalls gern gefressen.

Hafer, Gerste, Weizen, Mais und Kleie sind allesamt Leckerbissen und müssen sehr vorsichtig dosiert werden, da sie sehr energiereich sind. Unsere Hobbyesel haben selten das Problem der Unterernährung, sondern neigen eher zu Übergewicht. Durch Übergewicht entstehen beim sonst sehr gesunden und robusten Esel erhebliche Gesundheitsprobleme. Der Bedarf auf das Jahr gerechnet sind etwa 1100 kg Heu und 1400 bis 1500 kg Stroh als Einstreu und Futter.

Pflege

Das Fell

Für die tägliche Fellpflege brauchen Sie die Kardätsche (feine Bürste), eventuell die Wurzelbürste und, wenn der Esel kotverschmiert ist, auch Wasser, aber dann muss bei kühlen Temperaturen gut nachgetrocknet werden. Den Striegel sollte man beim Esel nicht verwenden. Seine Haut reagiert sehr empfindlich.

Zeig her deine Füße

Die Hufe werden einmal am Tag mit einem Hufauskratzer gereinigt und von Fremdkörpern befreit. Mit Kot verschmierte Hufe müssen mit Wasser und Bürste gesäubert werden. Je nach Belastung sollte etwa alle 2–3 Monate ein Hufschmied oder Hufpfleger die Hufe ausschneiden. Bei Eseln, die im Gespann fahren oder viel auf Asphalt laufen, müssen die Hufe beschlagen werden.

Wurmkuren und Impfungen

Wenn Sie Esel mit Schafen oder Ziegen halten, sollten Sie möglichst zeitgleich entwurmen. Ansonsten gilt: einmal im Frühjahr und ein-

Info

Ins Maul geschaut

Einmal pro Jahr, bei älteren Tieren je nach Bedarf öfter, muss eine Zahnpflege vom Tierarzt durchgeführt werden. Dabei werden die durch die unregelmäßige Abreibung der Zähne entstandenen Kanten, die so genannten Haken, abgeraspelt.

Die schiere Wollust – Fellpflege auf Eselart!

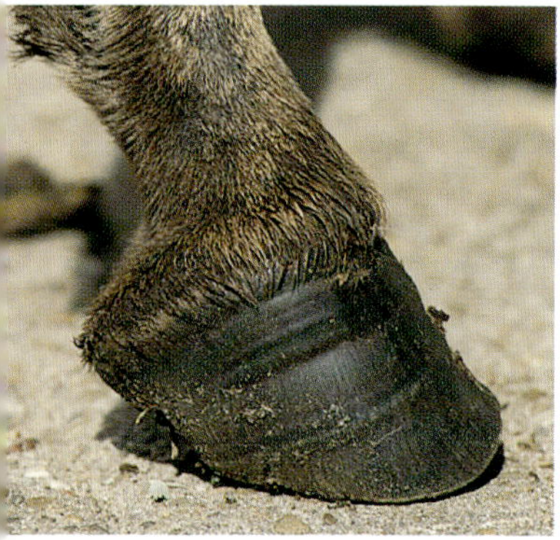

Die Hufschmied muss sich um die korrekte Form der Hufe kümmern.

mal im Herbst. Die nötigen Präparate erhalten Sie vom Tierarzt. Die Tetanusimpfung ist ein Muss. Mit 4–6 Monaten wird das Fohlen zum ersten Mal, etwa 6–12 Wochen später zum zweiten Mal geimpft. Je nach Präparat entscheidet der Tierarzt, wann die nächste Auffrischungsimpfung notwendig wird.

Eselkrankheiten

Krankheiten sind beim Esel selten, wenn er gut gehalten wird. Grundsätzlich soll bei Erkrankungen des Esels der Tierarzt hinzugezogen werden. Dass etwas nicht stimmt, zeigt sein verändertes Verhalten, Apathie, Fressunlust, Niederlegen, Fieber und natürlich, wenn offensichtliche Verletzungen vorhanden sind. Die Normaltemperatur beträgt 37–38 °C, der Puls liegt bei 36–44 Schlägen pro Minute.

Sand eignet sich gut für den Stallvorplatz – und als bequeme Unterlage für ein Sonnenbad und zum Wälzen.

Info

Treff für Eselfreunde

Wie schon erwähnt gibt es die Interessengemeinschaft für Esel- und Mulifreunde in Deutschland e. V.
Die regionalen Ortsgruppen tauschen Erfahrungen aus und unternehmen Ausflüge mit ihren Tieren. Gäste sind willkommen. Für Jugendliche gibt es Jugendcamps, in denen sie den richtigen Umgang mit den Tieren in Theorie und Praxis lernen. Über 1100 Mitglieder hat der Verein, berät und leistet Hilfestellung bei Fragen und Problemen der Eselhaltung.
Die Vermittlungsstelle für Esel sucht das richtige Zuhause für die Tiere und kann auch von Nichtmitgliedern in Anspruch genommen werden, wenn es sich nicht um gewerbliche Tierhändler handelt.

Ich schaue in den Spiegel und sehe zwei sehr lange Ohren, ich schaue mit verträumten Augen auf mein Werk, fläme die Oberlippe, atme tief ein und mit einem „I" von betörendem Wohllaut grüße ich alle Eselfreunde und schließe mit einem langen, freundlichen „Ah".

Die Autorin

Service

Zum Weiterlesen

Kaninchen

Stern, Alice: **Kaninchen natürlich und artgerecht halten**. Kosmos 2001.
Das Blaue Jahrbuch 2006 (Kaninchen). Oertel & Spörer.
Thormann, Lothar: **Kaninchenställe und Stallanlagen**. Selbstbau leicht gemacht. Oertel & Spörer.
Görner, Erich: **Pelze nähen am Feierabend**. Oertel & Spörer 1985.

Geflügel

Stern, Alice: **Geflügel natürlich und artgerecht halten**. Kosmos 2001.
Hofer, Angelika: **Ein Gänsesommer**. ars edition 1989.
Lorenz, Konrad: **Das Jahr der Graugans**. Piper 2003.

Schafe und Ziegen

Rieder, Hugo: **Schafe halten**. Ulmer 1998.
Deutscher Schäferkalender. Ulmer 2006.
Schwintzer, Ida: **Das Milchschaf**. Ulmer 1988.
Reibetanz, Rene, Arnold, Annette: **Alles für die Ziege**. Pala-Verlag 2003.

Esel

Hafner, Marisa: **Esel halten**. Ulmer 2005.
Flade, Johannes E.: **Die Esel. Haus und Wildesel**. Die neue Brehm-Bücherei. Westarp 2000.

Alle Tiere im Überblick

Heiney, Paul: **Das Kosmos-Buch vom Landleben.** Kosmos 2004.

Nützliche Adressen

Bundesministerium für
Ernährung, Landwirtschaft und
Verbraucherschutz
Wilhelmstr. 54
10117 Berlin
www.bmelv.de

Interessengemeinschaft der
Esel- und Mulifreunde in
Deutschland e.V.
Steinweg 12
65520 Bad Camberg
www.esel.org

Zum Weiter-clicken

Kaninchen

www.diebrain.de
www.kaninchenzucht.de
www.kaninchen.at

Hühner

www.huehnerhof.de
www.huehner-info.de

Ziegen

www.ziegen-treff.de

Schafe

www.welt-der-schafe.de

Esel

www.esel.org
www.eseltrekking.org

Register

Bildnachweis

Farbfotos von Bettina Banduhn (alle übrigen 149 Farbfotos), Carola Hotze (5; S. 52 unten, 53, 122 Mitte und unten, 141 oben), Juniors-Bildarchiv (17; S. 8, 9, 10, 11, 22, 44, 66, 70, 71, 100, 104, 105, 111, 114, 120, 126, 166-167), Hans Reinhard/Reinhard-Tierfoto (6; S. 108, 112-113 alle 3, 125 oben, 134 unten), Christof Salata/Kosmos (4; S. 16, 17 alle 3) und Ulrike Schanz (2; S. 26 beide)
4 Illustrationen, die von der Autorin angefertigt wurden.

Impressum

Umschlagsgestaltung von eStudio Calamar unter Verwendung von 1 Farbfoto von Hans Reinhard/Reinhard-Tierfoto (großes Bild) sowie alle übrigen Bilder von Bettina Banduhn.

Mit 187 Farbfotos und 4 schwarz/weiß-Zeichnungen.

Bibliografische Information der Deutschen Nationalbibliothek
Die Deutsche Nationalbibliothek verzeichnet diese Publikation in der Deutschen Nationalbibliografie; detaillierte bibliografische Daten sind im Internet über http://dnb.ddb.de abrufbar.

Unser gesamtes lieferbares Programm und viele weitere Informationen zu unseren Büchern, Spielen, Experimentierkästen, DVDs, Autoren und Aktivitäten finden Sie unter **www.kosmos.de**

Alle Angaben in diesem Buch erfolgen nach bestem Wissen und Gewissen. Sorgfalt bei der Umsetzung ist indes dennoch geboten. Der Verlag und die Autorin übernehmen keinerlei Haftung für Personen-, Sach- oder Vermögensschäden, die aus der Anwendung der vorgestellten Materialien und Methoden entstehen könnten.

Gedruckt auf chlorfrei gebleichtem Papier

ISBN 978-3-440-10484-2
Redaktion: Alice Rieger
Gestaltungskonzept: eStudio Calamar
Gestaltung: TypoDesign, Kist (bei Würzburg)
Produktion: Kirsten Raue / Eva Schmidt
Printed in The Czech Republic / Imprimé en République Tchèque

rororo

ro
ro
ro